그림으로 쉽게 배우는
AI 사용설명서

> 인공지능으로
> 무엇을
> 할 수 있을까?

에마 아리사 **지음**

드루

머리말

"**상식이란, 18세까지 습득한 편견의 집합이다.**"
위대한 물리학자 알베르트 아인슈타인은 이런 말을
남겼다.

우리는 나고 자란 환경과 받은 교육을 통해 암묵
적으로 가치관을 형성하고 세상을 판단한다. 이 책은
인공 지능(artificial intelligence, AI) 기술을 소개하
면서 AI라는 렌즈를 통해 지금 우리 사회의 문제와
우리가 가진 편견을 살펴보고, 일상생활과 노동 본연
의 모습까지 재조명해 보고자 한다.

2020년 코로나 바이러스의 확산으로 일상생활과
근무 환경이 180도 바뀌기 전부터 우리 사회의 가치
관이나 세계 정치·경제의 판도는 조금씩 바뀌어 왔
다. 지금 우리 사회는 '연대'를 외쳐야 할 정도로 분
단되어 있다. 나에게는 당연하지만 다른 사람은 이를
이해하지 못하는 경우가 점점 흔해지고 있는 것이다.

조금씩 변해 가는 판도는 좀처럼 눈치채기 어렵
다. 이러한 상황에서는 우선 아는 것이 힘이다. 따라
서 이 책에서는 지금 전 세계에서 무슨 일이 일어나
고 있는지, 어떠한 가치가 중요하게 논의되고 있는지
그 최소한의 내용을 정리해 소개하기로 한다.

아울러 AI와 관련된 대부분의 기술과 환경은 누
구나 저렴한 가격으로 사용하거나 습득할 수 있게
되었다. 즉 우리 모두가 AI의 이용자도, 개발자도 될
수 있다는 뜻이다. 그러니 기술에 휘둘리지 않으려
면 할 수 있는 일과 할 수 없는 일을 파악하는 것이
중요하다.

사실 나고 자란 환경이나 받은 교육에 따라 특정
한 가치 판단을 하게 되는 것은 AI도 마찬가지다. 하
여 이 책은 AI가 사회와의 어떤 상호 작용을 거쳐 개
발되고 사용되는지도 다루었다. AI는 사회 문제를
해결하기 위한 수단이면서도 문제를 더욱 복잡하게
만드는 조커와 같은 존재다.

AI는 어느새 우리 사회와 일상생활에 깊숙이 관여
하고 있다. AI를 사용하지 않는다고 생각하는 사람
도 있겠지만, 행정·의료·교통 등 여러 분야의 전
문가들이 AI 기술을 활용하고 있고 시민과 소비자인
우리는 그 혜택을 받고 있다. 공부를 해 보면 그 사실
을 자연스레 깨닫게 될 것이다.

AI에 관해 알고, 우리가 누리는 혜택을 이해하게
되면 이에 관한 이야기를 나눠 볼 수 있다. 이 책을
통해 새로운 지식과 깨달음을 얻고 나아가 주변 사
람들과 이야기를 나눌 수 있게 되기를 바란다.

※이 책은 2021년 3월 31일 기준의 정보를 바탕으로 작성되었습니다. 단, 한국어로 번역해 출간하는 과정에서 몇몇 부분을 2023년 12월 기준에 맞게 수정했습니다.

1장

다양한 미래상

인공 지능과 함께하는 사회는 어떨까?
편리한 사회, 효율적인 사회, 친환경적인 사회 등
각자가 바라는 모습이 있을 것이다.
이 장에서는 AI와 우리 사회를 둘러싼 가치를 살펴보고
지리적 · 역사적 맥락에 따라 각기 추구하는 가치가 다름을 이해해 보자.

미래 사회 상상하기

이 책의 길잡이

사람과 사회에
관한 이야기가 곧
AI 이야기야.

이 책,
AI에 관한 책
아냐?

기초적인
AI 기술도
알아 두면 좋아.

째이 냥이   AI

다양한 역할

보호자
기초적 인권처럼 기존
인간 사회가 중시하는
가치를 지켜 나간다.

혁신가
더 나은 사회를 만들
기 위해 새로운 기술,
사회 제도, 가치를 창
출한다.

통합가
다양한 사람을 끌어들
여 논점을 가시화하고
통합함으로써 새로운
가치를 창조한다.

10년 후의 우리 사회는 과연 어떤 모습일까? 우리 눈에는 사회의 단편적인 모습만 보인다. 하지만 앞으로의 사회에서는 하나의 점에 집중하기보다 한발 물러서서 점과 점을 이은 선을 발견하고, 나아가 직접 선을 이어 면을 파악할 수 있는 사람이 필요하다.

그림으로 나타낸 각각의 역할은 누구든 맡을 수 있다. AI가 담당할 수도, AI와 사람이 함께 맡을 수도 있다. 일상생활과 노동 방식의 변화 속에서 어떤 역할을 맡을지를 정하는 것은 우리 자신이다.

AI로 인한 트레이드 오프

AI 덕분에 우리는 다양한 모습의 미래를 상상할 수 있다.
그러나 AI 때문에 기존에 중요하게 여기던 가치와 사상이 훼손되기도 한다.
이처럼 어떤 변화로 인해 이득과 손해가 동시에 발생하는 상황을 가리켜
트레이드 오프(이율배반의 관계)라 한다.

■ 편리 사회

개인 맞춤형 필수품을 먼저 제시한다.

■ 사생활 침해 · 넛지 사회

개인의 취미와 기호가 그대로 새어 나가 타인이 이를 파악하고 개인
을 특정 방향으로 유도한다.

■ 안심 사회

가까운 사람과 멀리 떨어져 있어도 가상의 세계에서 언제든
대화할 수 있다.

■ 의존 사회

누군가와 연락하지 않으면 불안함을 느끼고, 타인과 가상 존
재에 의존하게 된다.

■ 친환경 사회

사람의 움직임이나 행동이 에너지 효율 향상에 최적화된다.

■ 관리 사회

사람의 이동 경로와 행동을 파악하는 것은 물론, 에너지를 절약할
수 있는 방향으로 행동을 통제한다.

■ **안전 사회**

사건 사고가 일어나지 않도록 방범 활동을 한다.

■ **감시 사회**

사람들의 생각과 활동을 감시해 이상 행동 여부를 예측하고 사전에 억제한다.

■ **효율화 사회**

서비스업 종사자가 기계로 대체되어 비용을 절감한다.

■ **고립 사회**

나에게 최적화한 서비스를 받지만 사람 간의 대화와 교류가 줄어든다.

■ **다양화 사회**

정보 유통으로 소수의 취미나 기호를 공유할 커뮤니티를 찾을 수 있다.

■ **동질화 사회**

자기 기호에 맞는 커뮤니티만 접하게 되어 다양한 문화와 접촉하기 어려워진다.

장점만 취하려면 발상을 전환하거나 기술 또는 제도를 혁신해야 하려나?

부정적인 면이나 트레이드 오프가 있다는 사실을 숨기면 되잖아.

그런다고 해결이 되겠어? 오히려 다른 문제를 일으킬 뿐이지.

인간과 AI의 관계

인간과 기계는 다양한 관계를 맺고 있다. 빨리 계산할 수 있는 똑똑한 기계는
어디까지나 도구에 불과하지만, 인간과 의사소통할 수 있는 기계는 사람처럼 느껴지기도 한다.
인간에게 쾌적한 공간을 제공하는 기계 안에는 마치 사람이 들어앉은 것 같다.
당신에게 AI란 어떤 존재인가?

역할 분담:
인간을 보조하는 기계

AI의 지식, 예측력, 회화 능력 등이 향상하면 지금까지 인간이 해 왔던 작업을 효율화할 수 있다. 예컨대 품질 검사나 진료 때 기계가 문제를 발견해 사람에게 알려 줄 수 있다.

인간이 미리 설정해 놓은 업무를 기계가 적절한 타이밍이나 시기에 자동으로 대행할 수도 있다. 주식 거래가 대표적인 예로, AI의 거래 속도가 사람보다 빨라 자동 거래로 전환되는 추세이다.

환경 조성:
인간에게 쾌적한 환경을 조성해 주는 기계

건물 안이나 거리 곳곳에 설치된 센서를 통해 쾌적한 주거 공간을 학습한 AI는 자동으로 환경을 관리한다. 인간이 직접 휴대 단말로 조작하는 것도 물론 가능하다.

건물이나 거리 전체에 가장 적합한 에너지 사용량을 계산해 쓸데없는 에너지 소비를 막고, 생체 인식을 도입해 관계자 외의 출입을 제한할 수도 있다.

융합:
인간의 능력과 존재를 확장해 주는 기계

AI는 인간의 사고력, 의사 결정 능력, 신체 능력 등을 확장시킬 수 있다. 이미 우리는 기계에 의존해 인터넷 검색을 하고 기록을 남긴다. 나아가 인체의 근력을 보조하는 웨어러블 슈트가 개발되면서 간호, 농업 분야에서 작업 현장의 신속화 · 효율화 · 안정화를 기대할 수 있게 되었다.

가상 현실(virtual reality, VR)이나 로봇을 사용해 여러 장소에 동시에 나타나거나 멀리 떨어진 곳에서의 경험을 공유할 수도 있다. 인간은 이미 사이보그화되었다.

공생:
사회의 일원이 된 기계

AI가 인간처럼 자립성을 가지고 스스로 문제를 설정하고 해결하는 범용 인공 지능(Artificial General Intelligence, AGI) 된다면 어떨까?

인간이 이해할 수 없는 행동이나 판단을 한다면 기계는 인류의 적이 되겠지만, 그렇지 않다면 친구나 동료처럼 사회의 일원으로 받아들일 수도 있다.

AI와 가치의 세계 지도

AI와 함께하는 사회에서 어떤 가치를 중시해야 할지 전 세계가 함께 합의해 나가고 있다.
각각의 국가가 강조하는 가치는 지역의 역사적 · 문화적 · 사회적 관점과
연결되어 있어 다양한 맥락을 고려해야 한다.

유럽:
인권, 존엄성, 연대

유럽 연합 기본권 헌장은 식민지 지배와 양차 세계 대전의 경험을 토대로 인권과 평등, 연대를 중요한 가치로 설정하고 있다. 개인 사생활 보호, 친환경과 기술 혁신의 공존을 위한 연구와 제도 설계도 강조한다.

아프리카:
기술 혁신, 제도적 과제

유럽과 중국으로부터 많은 기술적 지원을 받아 기술 선진국보다 먼저 첨단 기술이 보급되는 리프 프로그(leap frog) 현상이 아프리카에서 발생하고 있다. 하지만 이에 관한 법 제도가 제대로 마련되지 않아 다양한 문제가 생겨나고 있다.

중동 · 인도:
동서 대륙을 잇는 연결 고리, 관용적 태도

이스라엘, 아랍 에미리트, 인도 등은 역사적 · 사회적으로 아시아와 유럽, 아프리카 대륙 사이에서 인적 · 물적 교류의 연결 고리 역할을 해 왔다. 종교적 · 문화적으로 다양한 민족이 모여 살고 있고, 서구 및 중국의 대학, 기업과 적극적으로 손을 잡고 AI 산업과 연구, 교육 분야에서 두각을 나타내고 있다.

조화

존엄

관용

기술 발전

중국:
사회의 조화와 안정

중국은 공동체의 안전과 정치적·경제적인 안정 확보를 중요히 여긴다. 중국은 정보 기술을 활용해

얻을 수 있는 사회의 안정이 전 세계의 평화와 자연과의 공생으로 이어진다는 생각을 바탕으로 일대일로(一帶一路) 정책을 발표했으며, 이를 통해 아시아, 유럽, 아프리카와의 연계를 꾀하고 있다.

자유

미국:
개인의 자유, 개척자 정신

다양한 가치와 사상을 가진 사람들이 사는 미국은 개인의 권리와 자유를 존중한다. 도전을 장려하고 두 번째 기회를 허용하는 개척 정신이 새로운 가치와 경험을 만들어 내고 있으며, 이런 기술과 서비스가 전 세계적으로 사용되고 있다.

기술은 정치·사회와 연관되어 있으니 국가 간의 관계, 지역의 가치관과 역사를 파악하는 일이 중요해. 미·중 무역 전쟁만 봐도 알 수 있어.

다양한 전략이 있겠지? 우리나라는 그중에서 어떤 방식을 채택하면 좋을까?

AI와 미래 비전

목적이 필요한 기술 개발의 가장 큰 원동력은 '비전'이다.
기술은 정치와 경제 · 사회 · 문화 그리고 가치를 떼어 놓고서 논의할 수 없다.
하지만 기술은 수단에 불과하다.
그러니 우선은 우리가 원하는 사회의 모습을 떠올려 보자.

우리가 원하는 사회의 모습

기술은 수단에 불과하다. 하지만 AI의 기술적 면부터 설명하기 시작하면 AI 도입이 목적인 것처럼 비칠 수 있다. 우선은 우리가 원하는 사회를 떠올려 보자.

지금 우리에게 주어진 가치관을 역사적으로 혹은 지리적으로 파악하는 것부터 시작해야 한다. 따라서 이번 장에서는 가치의 트레이드 오프와 지리적인 관점을 고려해 오늘날의 사회를 생각해 보자.

하나의 비전만 그릴 필요는 없다. 기존 데이터로만 학습하는 기계와는 달리 사람은 다양한 가능성에 상상력을 더해 이를 실현시킬 힘을 가지고 있으므로 다양한 미래를 그려 나갈 수 있다.

가치는 다양하고, 누구의 입장에서 무엇을 대상으로 하느냐에 따라 보는 방법이 달라진다. 그러므로 이 책에서 제시하는 개념이 절대적인 해답은 아니다. 자신의 상식이나 자신에게 '당연한 것'을 한번 더 검토해 보고, 이 책의 내용도 의심할 수 있는 판단력을 키우기를 바란다.

100년 전 프랑스와 일본

기술이 사회나 문화와 상호 작용하고 있다는 점을 알아보기 위해 시대를 기준으로 생각해 보기로 한다. 100년 전으로 되돌아가 보자.

오른쪽 하단의 두 그림은 모두 불길 진압과 관련한 것이다. 왼쪽 그림의 제목은 「하늘을 나는 소방관」으로, 하늘을 나는 사람이 화염과 싸우며 구조 활동을 벌이고 있다. 오른쪽 그림의 제목은 「소방 방수차와 화재 피난 설비」로, 물을 뿌리는 기계와 사람을 나르는 곤돌라 비슷한 기계가 그려져 있다.

프랑스와 일본, 두 나라가 20~21세기의 비전을 상상해 표현한 그림을 비교해 본다면 오른쪽이 보다 현실적이다. 하지만 드론 택시의 등장처럼 사람들(특히 서양인)은 여전히 인류가 하늘을 나는 꿈을 좋고 있다.

두 그림의 주제는 모두 '불길 진화 활동'이지만, 그림에서 표현한 기술은 서로 다르다. 이는 사람들이 원하는 미래의 비전이 사회마다 다르다는 사실을 보여주는 하나의 예다. 프랑스와 일본뿐만 아니라 같은 나라의 사람이 그린 것끼리 비교해 보아도 상당히 다를 것이다.

인간의 상상력과 가능성

"누군가의 상상은 반드시 다른 누군가로 인해 실현된다."

프랑스의 소설가 쥘 베른(1828~1905)은 이런 말을 남겼다. SF의 아버지로 알려진 그의 대표작으로는 『해저 2만 리』, 『지구 속 여행』, 『달나라 탐험』 등이 있다.

상상한다는 것은 의식이 그곳으로 향한다는 뜻이다. 이것은 미래를 형성하는 힘이 되기도 한다.

최근에는 '우리가 원하는 사회'에 관한 정책적 비전도 나오고 있다. 유엔(UN)이 발표한 지속 가능 발전 목표(Sustainable Development Goals, SDGs)에는 빈곤과 기후 변화 대책, 인권 수호 등 2030년까지 노력해야 할 17개의 목표와 169개의 세부 목표가 실려 있다.

이 책은 이러한 장밋빛 미래와 함께 현재 우리가 직면한 여러 가지 과제 또한 소개하고 있으니, 과제를 깨닫고 이를 해결할 수 있는 미래로 나아가기 위한 계기로 삼아 보자.

장마크 코트, 「하늘을 나는 소방관(Aerial Firemen)」, 『2000년에(In the Year 2000)』. 1900년 파리 만국 박람회 전시 포스터.

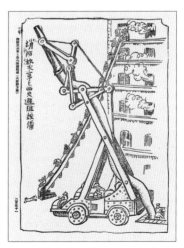

「소방 방수차와 화재 피난 설비」. 『일본 및 일본인(日本及日本人)』 (1920).

1.6

AI가 불러오는 과제

AI는 여러 가지로 사회를 편리하게 하지만 이와 동시에 다양한 과제도 불러온다.
기술 때문에 문제가 발생하기도 하고,
사회 문제가 기술 때문에 더욱 커지기도 한다.

기술 악용과 가짜 정보 횡행

공정성 저해와 차별

개인 정보 유출과 사생활 침해

인간의 존엄 훼손

접속 불평등

일자리 변화

안전과 보안 문제

군사 이용의 위험성

1.7

이 책의 개요도

이 책은 두 쪽에 걸쳐 하나의 주제를 소개한다.
주어진 문제를 기술적 관점에서 해결해야 하는 경우도 있고,
사회와 제도적인 관점에서 해결해야 하는 경우도 있다.
관련한 내용이 책의 다른 절에 언급되어 있다면 괄호 안에 표시했으니,
책을 앞뒤로 자유롭게 넘기며 읽어 보기를 추천한다.

■ 다양한 가치관 파악, 방향성 설정(1장)

이미 살펴본 바와 같이, 과거와 현재에 걸친 세계인의 다양한 가치관을 소개했다. 이를 참고해 앞으로 만들어 나가야 할 미래상에 관한 힌트를 얻어 보자.

■ AI 기술의 특징과 과제(2장)

이 책의 주제인 AI 기술의 특징과 과제를 소개한다. AI의 역사부터 AI가 할 수 있는 일, 할 수 없는 일 등을 그림으로 설명한다.

■ AI 기술과 사회의 상호 작용(3~5장)

AI 기술과 사회의 상호 작용을 다양한 각도에서 소개한다. AI는 어떠한 과제를 발생시키며, 이러한 과제에 어떻게 대처해야 할까? 3장에서는 기술을 통한 대응을, 4장에서는 사회 제도를 통한 대응을, 5장에서는 인간과 기계의 상호 작용을 통한 대응을 제시한다.

■ 사회 자체가 안고 있는 과제(6장)

AI가 발생시키는 과제는 사회적으로도 쉽게 답을 할 수 없는 과제이기 때문에 다소 복잡하다. 일상생활과 노동이라는 측면에서 인간과 AI의 역할 분담, 책임의 형태, 인간과 기계의 관계성을 다시 생각해 보기로 한다.

■ 다시 생각하는 미래 (7장)

기술과 사회 각각의 과제를 파악했다면, 1장에서 제시한 숙제인 '다양한 미래'를 다시 생각해 보자.

우리가 떠올릴 수 있는 미래가 다양한 만큼이나 이 책을 보는 독자 역시 상당히 다양한 존재들일 것이다. 학생일 수도 있고, 회사원일 수도 있으며 AI 개발자이거나 AI의 사용자일 수도 있다. 한국인일 수도, 다른 나라 사람일 수도 있다.

따라서 마지막에는 각자의 입장을 가진 독자들이 할 수 있는 것, 생각해야 할 것을 정리해 제안하고자 한다.

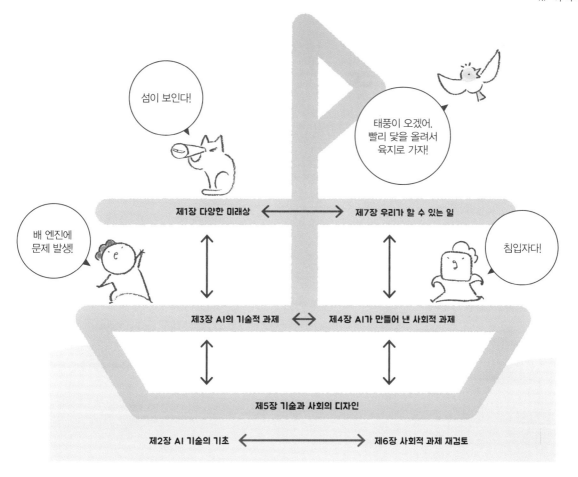

■ 이 책을 배에 비유한다면

이 책의 개요도를 배에 비유한다면, 3~5장이 골격에 해당한다. AI가 할 수 있는 일과 사회가 할 수 있는 일이 적절하게 균형을 맞추도록 설계한다면 거친 파도를 견딜 수 있는 배가 만들어질 것이다. 3~5장에는 엄밀히 말해 AI 연구가 아닌 내용도 포함되어 있다. 그러나 아무리 AI의 정밀도가 높고 성능이 좋아도 사회 제도에 부합하지 않거나 사용하기 어려운 AI는 도태되고 만다.

이러한 내용을 염두에 두고 AI 기술의 기초(2장), 사회가 안고 있는 과제(6장)가 일으키는 풍랑을 잘 다스리고, 나아갈 방향성(1장)을 정한 뒤 다양한 이들과 연대해 빠르게 의사를 결정하고 행동하자(7장).

아무쪼록 독자들도 이 책을 읽고 나만의 배를 설계할 수 있기를 바란다.

AI 기술의 기초

AI가 불러오는 과제는 기술의 특징과 구조를 알아야지만
이해할 수 있다. 이 장에서는 AI 기술의 역사와
그를 둘러싼 환경, AI가 할 수 있는 일과 할 수 없는 일,
앞으로의 연구 전망 등을 간략하게 소개하기로 한다.

AI를 뒷받침하는 기술과 환경

AI는 이를 뒷받침하는 기술과 환경이 있어야만 적절하게 기능할 수 있다.
①데이터 입력, ②하드웨어와 소프트웨어를 이용한 계산,
③컴퓨터 화면과 로봇 등의 출력 장치, ④통신망 및 데이터 센터와 같은 외부 환경이
물리 공간과 가상 공간 사이를 오가며 AI를 작동시킨다.

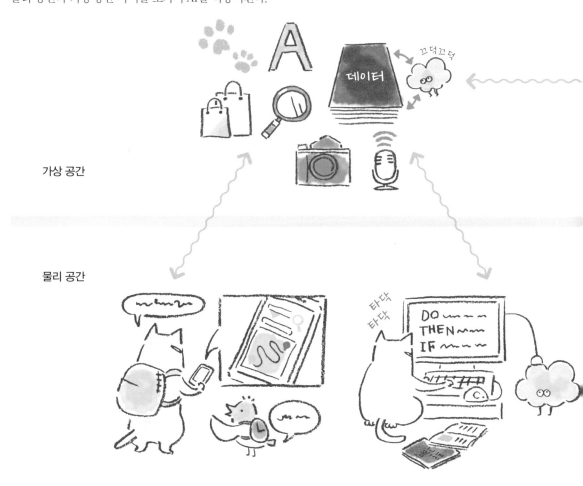

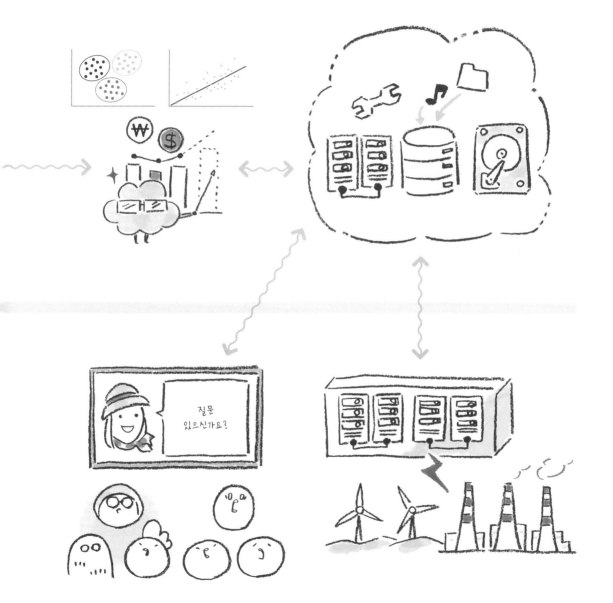

① 입력

　현재의 AI 대부분은 과거 데이터를 학습해 인식하고 예측한다(2.3절 참고). 문자, 음성, 이미지뿐만 아니라 위치 정보나 대화 데이터 등이 학습에 사용되고 있다.

　AI가 판독할 수 있는 형태로 데이터를 취득하려면 카메라나 마이크 센서가 필요하다. 위치 정보를 파악할 때는 인공위성으로부터 받은 정보가 활용되기도 한다.

② 계산

　AI의 작동 순서를 기록한 설계도를 알고리듬이라고 한다(2.5절 참고). 이 알고리듬은 윈도우(Windows), 맥(macOS), 안드로이드(Android), iOS 등의 운영 체제(OS, 기본 소프트웨어)에서 작동한다.

　알고리듬으로 계산하려면 CPU, GPU라는 물리적 기계(하드웨어)가 필요하다. 하드웨어는 반도체라 불리는 부품으로 이루어져 있는데, 크기가 작은 것은 시계 정도의 작은 단말에도 들어간다.

　단말이 아닌 인터넷으로 계산이 가능한 클라우드 서비스도 있다(4.8절 참고).

　클라우드는 계산 환경을 갖추지 않아도 고도의 계산을 할 수 있고, 유지 보수를 할 필요도 없어 편리하다. 하지만 통신 장애가 발생해 서버가 다운된다면 사용자는 아무 일도 할 수 없다.

③ 출력

AI의 계산 결과는 컴퓨터와 휴대 전화 등의 디바이스로 확인할 수 있다. 나아가 이 결과는 네트워크로 연결된 또 다른 디바이스에 새로운 계산을 지시하기도 한다. 이 AI에서 저 AI로 연쇄 명령을 내릴 수도 있고 AI끼리 서로 학습할 수도 있다.

AI가 탑재된 로봇은 물리 공간에서 계산 결과를 바탕으로 움직인다.

이와 같은 출력 결과를 사람이 쉽게 이해할 수 있도록 설명하려면 사용자가 조작하기 쉬운 화면이나 UI(인터페이스 디자인, 5.2절 참고), 사람과 소통할 수 있는 대리자가 필요하다(5.6절 참고).

④ 외부 환경

데이터를 AI로 보내거나 클라우드를 통해 디바이스에 AI의 계산 결과를 전송하려면 통신망이 필요하다. 오늘날에는 대용량의 데이터도 끊김 없이 빠르게 전송할 수 있는, 신뢰도 높은 네트워크 접속 환경인 5G가 전 세계적으로 도입되고 있다.

따라서 현대 사회에서는 클라우드와 같은 서비스 제공에 필요한 서버와 회선을 관리하는 데이터 센터, 나아가 이 모든 것들을 움직이는 전력의 공급이 필수 불가결해졌다.

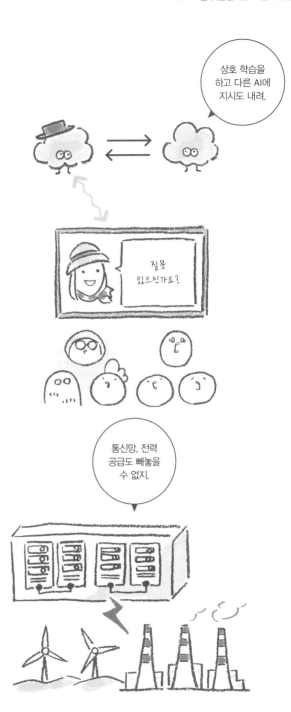

상호 학습을 하고 다른 AI에 지시도 내려.

질문 있으신가요?

통신망, 전력 공급도 빼놓을 수 없지.

AI의 역사와 겨울

역사적으로 AI의 의미는 계속 바뀌어 왔다.

AI는 제1차(1950~1960년대), 제2차(1980년대), 제3차(2010~) 호황기를 맞이했다고 알려져 있다.

그중 '학습'에 주목한 제3차 호황기는 현재 진행형이다.

1956년 다르머스 회의
"기계도 사람과 같은 지적 활동을 할 수 있도록 하자!"

제 2 차 AI 호황기
1980년대

저 증상에는
이 약을
처방하자.

끄덕
끄덕

지식

제 1 차 AI 호황기
1950~1960년대

추론   탐색

수학적 증명   미로

간단한 문제는 풀 수 있지만,
복잡한 문제는 풀 수 없다.
(사고 범위 문제)

AI의 겨울
1970년대

그러나,
① 인터넷의 원조인 아르파넷
   (ARPAnet)이 등장한다.
② 마이크로 프로세서의 개발로
   개인용 PC가 보급된다.

어떤 문제는 풀 수 있지만, 데이터가
부족하거나 논리적 오류가 발생한다.

최첨단으로
2020년대 ~

제 3 차 AI 호황기
2010년대 ~

끄덕 끄덕

인터넷

데이터

SNS

이미지   음성

학습

이상 감지 및 진단과 같은 특정 작
업이나 문제 해결에 특화된 '특화
형 AI' 기술을 주로 사용하고 있다.
한편 최첨단 연구 영역에서는, 어
떤 용도로든 사용할 수 있는 범용
인공 지능의 구축을 목표로 한다.

지식의 양이 부족하고 모순이 발생한다.
(기호 접지 문제)

AI의 겨울
1990~2000년대

그러나,
① 인터넷 보급으로 데이터가
  축적된다.
② 기계 학습에 필요한 인공
  신경망 연구가 진행된다.

이렇게 보니
'AI의 겨울'이 와야
새로운 기술이나
방법이 생기는 것
같은데?

AI의 겨울에 연구가
중단된 건 아냐. 사람들의
기대가 사라졌거나 연구비가
끊겼던 시기를 말하는 거지.
그런 의미에서 제3차
호황기는 아직 끝나지
않은 것 같아.

사고 범위 문제

제1차, 제2차 AI 유행은 모두 '사고 범위 문제'에 부딪히는 바람에 겨울을 맞이하게 되었다. 여기서 말하는 '사고 범위'란 틀(frame)을 가리킨다. 즉 사고 범위 문제는 인간이 부여한 규칙이나 지식의 범위 안이라는 좁은 '틀' 안에서만 AI가 문제를 해결할 수 있고, 스스로 적절한 규칙과 지식을 고를 수 없는 것을 뜻한다.

사고 범위 문제는 다음과 같은 사례를 들어 설명할 수 있다. AI에게 폭탄이 설치된 방으로 들어가 귀중품을 가지고 오라고 명령을 내린다. 명령한 사람은 귀중품만 안전하게 손에 넣고 싶었는데 AI 1은 귀중품에 설치된 폭탄도 같이 가져와 버리고 말았다.

이러한 일이 발생하지 않도록 AI 2는 귀중품을 가져올 때 발생할 수 있는 다른 문제를 검토하도록 개량했다. 그 결과 이 AI 2는 폭탄을 인지하게 되었지

방에서 귀중품을 가져와.

넵!

AI 1

AI 2

귀중품 배달 왔습니다.

폭탄까지 가져오면 어떡해!

폭탄을 비롯한 다른 문제가 없는지 생각해 보자!

귀중품을 찾았는데 폭탄이 없네.
움직여도 괜찮을까?
혹시 귀중품을 옮기다가
천장이 무너지면 어떻게 하지?

도대체 왜 안 나온 거야?!

만, 다른 종류의 폭탄이나 천장 붕괴 등 다양한 위험을 고려한 나머지 움직일 수조차 없게 되었다. 결국 시간이 다 되어 폭탄이 폭발하고 말았다.

기호 접지 문제

기계는 사람과 같은 방식으로 이해하지 못한다. 여기서 기호 접지(symbol grounding) 문제가 생긴다. AI는 기호(symbol)가 개념에 닿지(grounding) 않는다면 올바른 기호와 개념을 이해할 수 없다. '상식'이 없기 때문이다(3.4절 참고).

일례로, 사람은 '사과'라는 개념을 이해하고 있으므로 밑에서 바라본 것, 크고 작은 것, 잘려 있는 것, 상자 안에 들어 있는 것 등 어떤 모습이든 모두 '사과'로 인식한다. 하지만 기계에 사과의 모든 '특징'을 규칙으로 입력하거나 지식의 개념으로 전부 가르칠 수는 없다.

다만 기호와 대량의 이미지 간의 관계를 AI에 학습시키니, 기계 스스로 어느 정도 그 특징을 발견할 수 있게 되었다. 이것이 돌파구가 되어 제3차 AI 열풍으로 이어졌다.

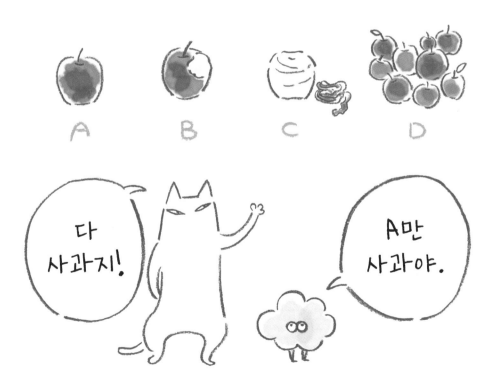

학습하는 AI가 할 수 있는 일

제3차 AI 열풍의 주역은 '학습하는' AI다.
기계는 학습을 통해 인식하고 예측하고 생성하고 대화를 나눌 수 있게 되었다.
이러한 기술을 인간이 도구로 사용할 수도 있고,
인간이 개입하지 않은 채 자율적으로 작업을 실행하게 할 수도 있다.

인식

　AI는 대량의 문자, 이미지와 음성 데이터를 학습해 데이터의 패턴을 판별한다.

　양도 많아야 하지만 질적으로도 수준 높은 데이터가 필요하다. 고해상도의 이미지와 음원, 고성능 센서를 사용해 수집한 데이터 따위가 그 예다. 사전에 전문가가 해석하거나 정의를 내려야 하는 경우도 있다.

공장 불량품 판별　　**암 등의 질병 진단**　　**개인 맞춤형 기호품 추천**

예측

AI는 과거 데이터를 바탕으로 앞으로 일어날 일이나 개인의 기호, 행동을 예측한다. 그러나 과거의 데이터와 사례를 과적합(overfitting)한 탓에 적절하게 예측하지 못할 때도 있다(3.2절 참고).

또한 출신지나 성별과 같은 통계 정보를 이용해 개인의 기호와 행동을 예측하다가 편견을 답습하는 경우, 채용 결정이나 보험 리스크 평가 등 중요한 판단을 내릴 때 사회적인 차별이 재생산되는 문제도 있다(4.5절 참고).

인사, 채용 평가　　　　**금융, 보험 등의 리스크 평가**　　　　**판사의 양형 판단**

생성

기존 데이터와 개인 데이터를 기반으로 문장이나 이미지, 음성 등을 자동으로 생성할 수 있다. 때로는 사람이 생각지도 못했던 풍부한 발상과 표현을 구현해 내기도 한다.

최근에는 유명인의 작품을 새롭게 생성해 내는 AI가 많이 생겼다. 하지만 여기에는 작품의 저작권, 고인의 존엄과 같은 윤리적·법적 과제가 있다. 또한 가짜 사진이나 동영상이 가짜 뉴스에 사용되거나 명예 훼손을 일으키는 등의 문제가 생길 수 있다 (4.7절 참고).

**그림, 음악, 문장
자동 생성**

**유명인이나 가족의
외모와 표정 자동 생성**

**가짜 동영상,
가짜 뉴스 자동 생성**

소통

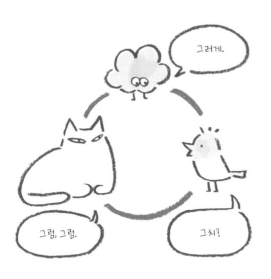

문장 자동 생성 기술을 이용해 인간과 위화감 없이 대화할 수 있는 챗봇과 스마트 스피커가 등장했다. 그러다 보니, 문맥과 의미가 통하는 것뿐 아니라 겉모습 같은 캐릭터 디자인도 중요해졌다.

그러나 겉모습의 디자인이 편견이나 차별을 조장할 위험이 있고, 기계가 감정을 조작하거나 사람이 기계에 의존하는 문제가 발생할 수도 있다(5.6절 참고).

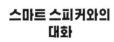

챗봇의 자동 응답 기능을 통한 대화

스마트 스피커와의 대화

반려 로봇과의 대화

기계를 학습시키는 방법

1, 2차 호황기 때의 AI는 규칙에 적혀 있지 않은 문제나
지식 데이터베이스가 없는 문제는 풀 수 없었다(2.2절 참고).
그러나 오늘날의 학습하는 AI는 미지의 데이터도 판단할 수 있고,
나아가 무엇을 어떻게 학습할지 어느 정도 자율적으로 생각한다.

지도 학습

교사가 학생에게 문제를 푸는 방법을 가르치듯 AI를 학습시키는 방법이다. 사람이 문제(입력)와 답(출력)을 알려 줘 AI가 사람처럼 판단할 수 있게 한다.

이 방법으로 AI를 가르치려면 반드시 사람이 답을 알고 있어야 한다.

미리 문제와 답의 데이터를 연결하고, 데이터가 무엇을 의미하는지 라벨을 붙여 놓는 식이다. 이 작업을 주석(annotation)이라고 한다. 대량의 데이터를 가지고 문제와 답을 연결하는 작업은 매우 고되다. 그래서 이미 주석 작업이 끝난 무료 데이터 세트도 존재한다(3.8절 참고).

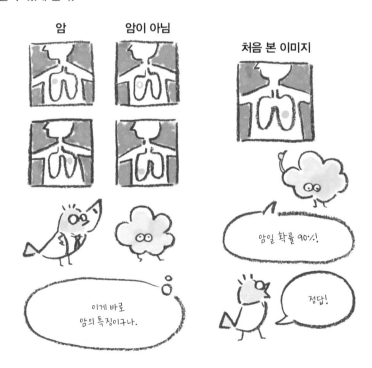

비지도 학습

교사가 학생에게 문제만 건네주고, 그 경향을 주도적으로 해석하도록 학습시키는 방법이다. 사람은 문제(입력)만 부여하고, AI가 내놓은 답(출력)을 해석하거나 정의를 내린다.

사람도 답을 모르는 문제에 유용한 방법이지만, 인간이 상상조차 못한 해결책을 기계가 내놓는다면 사람은 출력을 이해할 수 없다(3.2절 참고).

강화 학습

체육이나 예술의 실기 수업처럼 직접 몸을 움직이며 학습하는 방법을 말한다. 사람이 목표를 설정하고 목표의 달성 정도를 평가하면, AI는 시행착오를 거쳐 가장 적합한 방법을 발견한다.

강화 학습은 최적의 행동을 예측하고 새로운 데이터를 생성하는 데 이용된다. AI는 상식이 없으므로 사람은 생각지도 못한 방법을 찾아내거나, 기묘한 데이터를 생성하기도 한다(3.4절 참고).

학습법의 조합

지도 학습, 비지도 학습, 강화 학습을 다양하게 조합한 학습 방법도 있다.

딥마인드가 개발해 2016년에 바둑 세계 챔피언과의 대국에서 여러 차례 승리를 거뒀던 알파고를 예시로 들 수 있다. 알파고는 지도 학습과 강화 학습을 조합해 학습했다. 알파고의 개발자는 우선 프로 바둑 기사의 기보를 AI에게 학습시킨 뒤(지도 학습), 다른 AI 바둑 기사와 바둑을 두게 했다(강화 학습).

이러한 학습을 통해 알파고는 새로운 정석(定石)을 만들어 내는 등 경이로울 정도의 실력으로 진화했다.

AI와 기계 학습

지도 학습, 비지도 학습, 강화 학습, 이 세 가지 학습법은 AI에게 대량의 데이터를 학습시켜 분석이나 예측, 생성 등을 하게 하는 기술이다. 이를 가리켜 기계 학습이라고 하는데, 오늘날 AI 호황기의 핵심 기술이다.

인공 신경망(2.7절 참고)도 기계 학습의 한 종류인데, 이 인공 신경망 안에는 심층 학습(딥 러닝)이 포함되어 있다. 이 책에서는 기계 학습 또는 심층 학습을 가리킬 때 주로 AI라는 단어를 사용했다.

한편, 학습하는 AI 외에도 다양한 AI가 있으며 그 범위는 앞으로 계속 확산될 전망이다(2.8절 참고).

학습의 종류를 수업으로 비유하면?

지도 학습

수학처럼 교사가 정답을 알려 주는 수업.

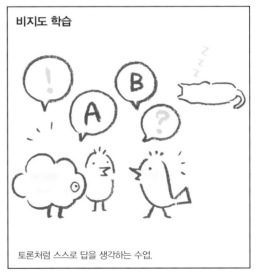

비지도 학습

토론처럼 스스로 답을 생각하는 수업.

▼ AI와 기계 학습의 관계

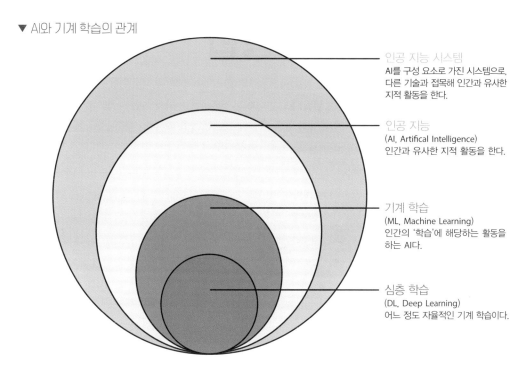

인공 지능 시스템
AI를 구성 요소로 가진 시스템으로,
다른 기술과 접목해 인간과 유사한
지적 활동을 한다.

인공 지능
(AI, Artifical Intelligence)
인간과 유사한 지적 활동을 한다.

기계 학습
(ML, Machine Learning)
인간의 '학습'에 해당하는 활동을
하는 AI다.

심층 학습
(DL, Deep Learning)
어느 정도 자율적인 기계 학습이다.

강화 학습

체육, 예술처럼 시행착오를 거쳐 체득하는 수업.

지도 학습+강화 학습

방과 후 수업처럼 응용력이나 창의력이 필요한 수업.

AI를 학습시키는 방법

AI를 학습시킨다는 것은 목적에 맞는 출력 결과가 나오도록 조정한다는 뜻이다.
최신 AI는 인간이 조정 규칙을 정해 주지 않아도 입력 데이터의 성질 등을 파악해
자동으로 규칙을 조정(학습)한다. 이는 오늘날 AI 호황기를 맞이하는 데
견인차 역할을 한 심층 학습(2.7절 참고)의 특징이다.

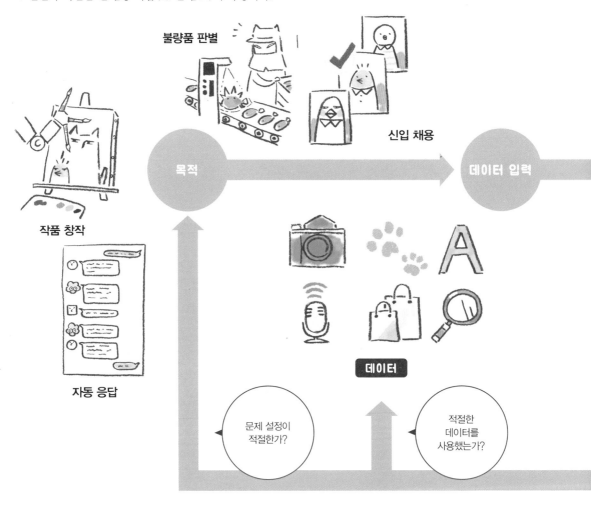

불량품 판별

신입 채용

목적

데이터 입력

작품 창작

자동 응답

데이터

문제 설정이
적절한가?

적절한
데이터를
사용했는가?

AI 시스템이 적절하게 작동하려면 좋은 AI 모델을 만들어야 한다.

기계 학습을 이용해 좋은 AI 모델을 만드려면 아래 그림과 같이 적절한 문제 설정, 적절한 데이터, 적절한 알고리듬의 설계와 조정이 필요하다.

알고리듬이란 AI의 작동 순서를 기록한 설계도를 말한다. 데이터에서 발견한 패턴을 분석하고 예측하는 몇 가지 정식화된 알고리듬이 존재한다.

만약 AI가 목적에 맞는 출력 결과를 내지 않는다면 (1) 알고리듬을 변경 또는 조정하거나, (2) 입력 데이터의 질과 양이 적절한지 다시 확인한다. 경우에 따라서는 (3) 목적으로 삼은 문제 설정이 적절한지, 현재의 데이터나 알고리듬으로는 할 수 없는 일을 요구하는 것은 아닌지 확인해 목적 그 자체를 미세하게 수정할 수도 있다.

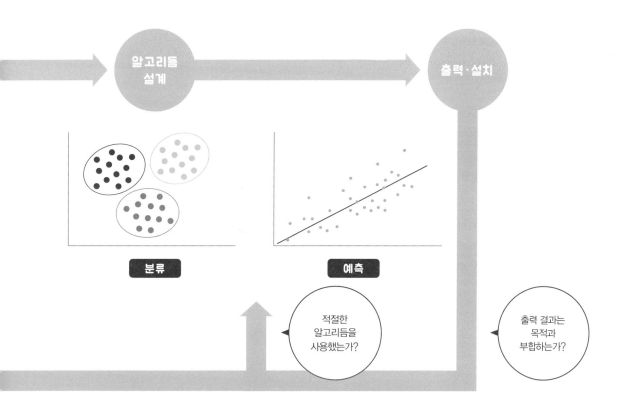

알고리듬의 종류

■ 분류

분류 알고리듬은 입력된 데이터에서 얻은 패턴을 바탕으로 미지의 데이터가 어느 그룹에 속하는지 분석할 때 사용한다. 예를 들어 '이 동물은 고양이인가 아닌가', '이 메일은 스팸 메일인가 아닌가' 등을 판별한다.

■ 예측

예측(회귀) 알고리듬은 데이터의 불규칙한 분포 패턴에서 미지의 데이터 결과를 예측할 때 사용한다.

예를 들어 '두 얼굴의 특징을 비교했을 때 동일 인물일 확률은 몇 퍼센트인가', '과거 구매 이력을 기반으로 새로운 제품을 추천했을 때 구매할 확률은 몇 퍼센트인가' 등을 예측한다.

■ 군집화

군집화(clustering) 알고리듬은 입력한 데이터를 몇 개의 무리로 분류할 때 사용한다. '분류'와 비슷하지만, 분류는 개별 데이터가 어느 그룹에 속하는지 정답이 정해져 있는 지도 학습인 반면 군집화는 데이터의 특징을 바탕으로 그룹을 나누는 비지도 학습이다. 따라서 이후 사람이 분류된 그룹의 의미를 해석해야 한다.

알고리듬 선택법

적절한 알고리듬을 선택해 모델을 만들면 문제를 알기 쉽게, 효율적으로 풀 수 있다. 알고리듬의 효율성을 평가할 때 고려해야 할 지표들을 소개한다.

■ 모델 평가 지표의 예

- 정확도(accuracy)
  분류나 예측이 결과와 일치한다.
- 정밀도(precision)
  분류나 예측에 실수가 적다.
- 재현율(recall)
  분류나 예측을 빠뜨리는 일이 적다.
- AUC(Area Under Curve)
  종합적인 분류나 예측이 정확하다.

■ 평가 지표의 사용 방법 예시

평가에 사용할 지표는 목적이 무엇이냐에 따라 달라진다. 예를 들어 보자. 불량품을 골라내고 싶다면 양품을 불량품으로 착각하거나(거짓 음성) 불량품을 양품으로 착각(거짓 양성)해서는 안 된다. 그러나 이 경우 거짓 음성보다 거짓 양성이 더 문제가 된다. 그러므로 분류나 예측을 빠뜨리는 일이 적은 재현율을 평가 지표로 사용한다.

이런 식으로 알고리듬과 데이터를 목적에 맞게 조정해 양질의 학습을 하는 AI 모델을 구축할 수 있다.

▼ 불량품 판별에 적절한 AI 시스템은?

(A) 반드시 불량품을 찾아내지만
가끔 양품도 불량품으로 판단하는 시스템

양품   불량품

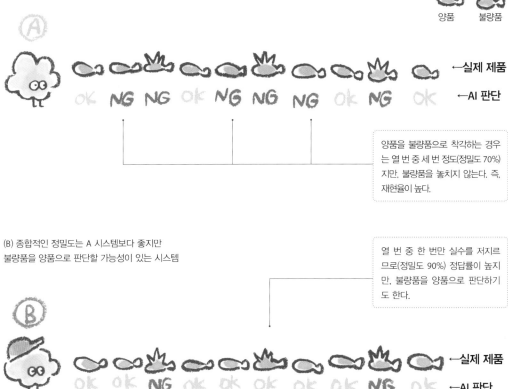

←실제 제품

←AI 판단

양품을 불량품으로 착각하는 경우는 열 번 중 세 번 정도(정밀도 70%)지만, 불량품을 놓치지 않는다. 즉, 재현율이 높다.

(B) 종합적인 정밀도는 A 시스템보다 좋지만
불량품을 양품으로 판단할 가능성이 있는 시스템

열 번 중 한 번만 실수를 저지르므로(정밀도 90%) 정답률이 높지만, 불량품을 양품으로 판단하기도 한다.

←실제 제품

←AI 판단

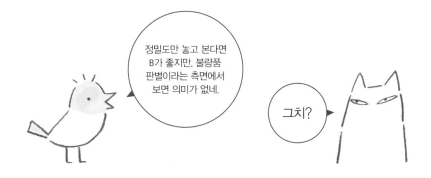

정밀도만 놓고 본다면 B가 좋지만, 불량품 판별이라는 측면에서 보면 의미가 없네.

그치?

뇌 구조를 응용한 심층 학습

기계 학습의 한 갈래인 심층 학습은 사람이 조정(학습)의 규칙을 정하는 것이 아니라
입력 데이터의 성질 등을 통해 AI가 자동으로 규칙을 조정한다.
심층 학습이 등장하면서 입력과 출력의 관계성이 상당히 복잡한 경우에도
기존의 기계 학습보다 자동적이고 정확하게 패턴을 분류하고 예측할 수 있게 되었다.

알고리듬 개량

심층 학습이 발전하기 이전인 2010년대까지는 기계 학습의 정밀도를 높이기 위해 정보 데이터를 어떻게 가공해 잘 입력할지를 주로 연구해 왔다.

반면 심층 학습은 데이터뿐 아니라 알고리듬을 개량했다는 점에서 획기적이다.

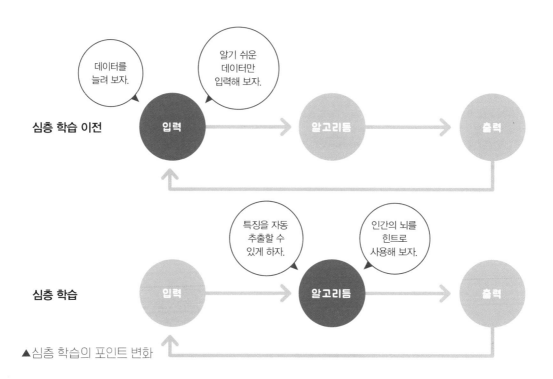

▲심층 학습의 포인트 변화

뇌가 사물을 인식하는 구조

사람의 뇌는 1000억 개 이상의 뉴런(신경 세포)으로 구성되어 있다. 이러한 뉴런들이 네트워크를 만들어 전기 신호를 보내는 방식으로 정보가 전달된다.

사람이 사과와 귤을 '다른 것'으로 인식할 수 있는 것은, '사과'라는 정보를 전달할 때와 '귤'이라는 정보를 전달할 때 뇌 속에서 전기 신호가 통과하는 네트워크와 그 신호의 양이 서로 다르기 때문이다. 그 패턴의 차이 덕분에 우리는 '사과'와 '귤'을 비롯한 여러 가지 사물을 인식한다.

하단 그림으로 나타낸 뉴런의 구조를 보면, 같은 뉴런이라도 사과와 귤을 봤을 때 전달하는 패턴이 다르다는 사실을 알 수 있다.

인공 신경망과 AI

뉴런 구조를 모방한 수리적 모델을 인공 신경망이라고 하는데, 이는 기계 학습(2.4절 참고)의 한 종류다. 제1차 AI 호황기였던 1950년대부터 연구가 시작된 인공 신경망은 AI 연구와 밀접한 관계를 맺고 있다.

제3차 AI 호황기의 상징인 심층 학습에서는 인공 신경망을 여러 층으로 깊게(deep) 쌓은 심층 신경망(deep neural network, DNN)이 활용되고 있다. 이 책에서 자세히 다루지는 않지만, 이미지 데이터에 사용하는 합성곱 신경망(convolutional neural network, CNN)이나 시계열 데이터에 사용하는 순환 신경망(recurrent neural network, RNN)이 대표적인 모델로 꼽힌다.

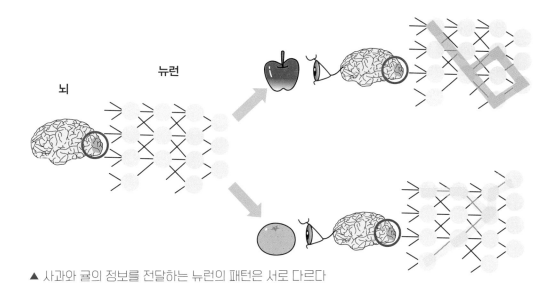

▲ 사과와 귤의 정보를 전달하는 뉴런의 패턴은 서로 다르다

인공 신경망에서 심층 학습으로

초기 신경망 연구가 심층 학습까지 확장되면서
오늘날 여러 복잡한 문제에 대응할 수 있게 되었다.
하지만 AI 모델이 지나치게 복잡해지면서 해석이 불가능한 문제도 새롭게 등장했다.

뉴런의 정보 전달

뇌 속에서는 뉴런 사이에서 전기 신호가 전달된다. 다른 뉴런이 보내온 신호가 (역치를 넘어) 일정 이상 흐르면, 전기 신호가 생성되어(발화) 다음 뉴런으로 전기 신호를 전달한다.

인공 뉴런과 퍼셉트론

뉴런의 전기 신호 전달과 같은 원리로 작용하는 수리적인 모델을 인공 뉴런이라 한다.

뉴런끼리의 연결 강도는 각기 다르다. 이러한 연결 강도의 가중치 차이가 학습과 관련이 있다고 여겨 모델화한 것이 인공 뉴런의 한 종류인 퍼셉트론(perceptron)이다.

퍼셉트론은 가중치가 매겨져 흘러 들어오는 입력 신호의 합계가 일정 값 이상으로 흐르면 '0(발화하지 않음)'이 아니라 '1(발화함)'을 출력한다.

퍼셉트론의 역치는 설계자가 설정하지만, 퍼셉트론이 알맞은 때 발화하면 '올바르다'라고 알리는 신호를 보냄으로써 스스로 학습하도록 설정할 수 있

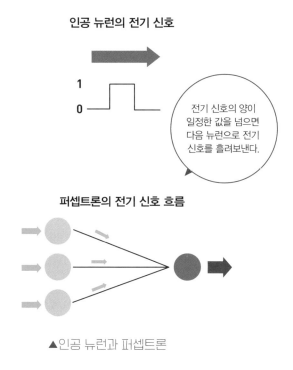

인공 뉴런의 전기 신호

1
0

전기 신호의 양이 일정한 값을 넘으면 다음 뉴런으로 전기 신호를 흘려보낸다.

퍼셉트론의 전기 신호 흐름

▲인공 뉴런과 퍼셉트론

다. 이것이 오늘날의 기계 학습인 '지도 학습'(2.4절 참고)의 개념이다.

퍼셉트론의 한계

퍼셉트론을 사용하면서 이미지 인식의 정밀도가 향상되었다. 손으로 쓴 숫자는 그 필체에 따라 각자 다르지만, 그 패턴은 동그란 모양의 '0'과 수직선 한 개가 그려진 '1'로 나뉠 것이다. 가로와 세로 각각 20개의 모눈이 있는 모눈종이에 숫자를 크게 쓴다면 선이 그어진 부분은 까맣게 칠해지고 나머지 부분은 그대로다.

각각의 눈금을 입력 데이터로 보고 이것이 숫자 '0'의 패턴이라고 판별했을 때 발화하도록 학습시키면 숫자 '0'을 인식하는 퍼셉트론이 만들어진다.

하지만 '0'을 인식하는 퍼셉트론은 '1'을 인식할 수 없다. 이 낮은 범용성 때문에 퍼셉트론 연구에 자금 지원이 끊기면서 AI 연구는 겨울을 맞이하게 된다(2.2절 참고).

인공 신경망 다층화

인공 뉴런을 아래의 그림과 같은 층 구조로 만든 것이 인공 신경망이다. 입력과 출력 사이에 중간층(은닉층)을 만들자 복잡한 표현도 가능해져 인식과 예측의 정밀도가 올라갔다.

일반적으로 인공 신경망은 입력층, 중간층, 출력층의 세 층으로 이루어져 있다. 중간층을 늘려 4층 이상으로 '깊게' 만들면 심층 학습이 된다.

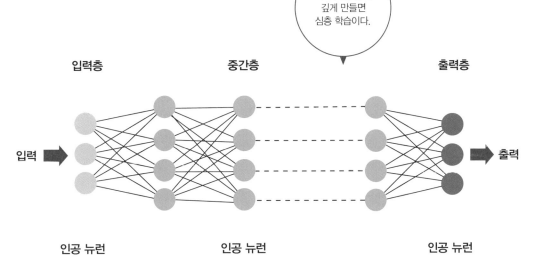

▲ 인공 신경망

오차 역전파법

AI의 겨울이 지나고, 1980년대에 다층 인공 신경망을 훈련하는 학습 알고리듬이 개발되었다. 이것이 오차 역전파법(backpropagation)이다.

오차 역전파법은 입력과 출력의 오차를 수정할 때 출력층에서 입력층으로 거슬러 올라가 가중치를 수정한다.

이는 말 전달 게임에 빗대어 설명할 수 있다. 시작점에서 전달한 내용이 도착점과 서로 다른 경우, 어디서 문제가 발생했는지 거슬러 올라가다 보면 어느 층을 수정하면 되는지 발견할 수 있을 것이다.

심층 학습

2개 이상의 은닉층을 가지는 인공 신경망을 심층 학습(딥 러닝)이라고 한다. 층을 깊게 쌓으려면 대량의 학습용 데이터와 분석용 고성능 컴퓨터가 필요하다.

2012년, 알렉스넷(AlexNet)은 심층 학습의 우수함을 전 세계에 알렸다. 이 프로그램은 8개 층으로 이루어진 네트워크로, 100만 장 이상의 훈련용 이미지 데이터를 바탕으로 오차 역전파법을 사용해 학습했다. 충분한 데이터만 있다면, 기존에 사람이 설계해야 했던 색깔이나 형태 등 이미지의 특징 판별도 기계가 스스로 학습할 수 있다는 사실을 밝혔다는 점에서 획기적이었다.

블랙박스 문제

심층 학습을 이용하면 대량의 데이터로 복잡한 모델을 구축할 수 있다. 모델이 단순하면 판단까지의 경로도 알 수 있지만, 모델이 복잡해지니 그것이 불가능해진다. 따라서 비지도 학습 등의 결과를 개발자 자신도 논리적으로 설명할 수 없는 경우가 있다.

복잡해서 설명할 수 없어도 정밀도가 좋으면 괜찮은 것 아닐까? 하지만 질병의 진단이나 인사 판단처럼 다른 사람의 인생을 좌우하는 문제에는 어느 정도 합리적인 설명이 필요하다. 그래서 설명이 가능한 AI의 개발(3.3절 참고)이 요구되고 있다.

시뮬레이션과 현실 세계

심층 학습을 사용하면서 복잡한 생명 현상이나 사회 현상을 그대로 학습해 시뮬레이션할 수 있게 되었다. 하지만 심층 학습의 판단은 블랙박스 안에서 일어나기 때문에, 복잡한 계산 결과의 내용을 사람이 해석할 수 없거나 주어진 결과가 올바른지 사람이 판단할 수 없을지도 모른다.

그러므로 AI가 내놓은 현실 세계의 시뮬레이션을 해석할 수 있는, 현장 지식과 경험이 풍부한 사람이 필요하다. 나아가 그러한 전문가와의 협력 체계를 구축해야 한다.

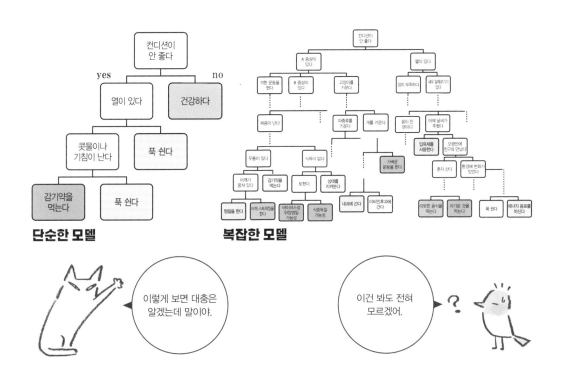

AI 연구 분야의 확대

AI 연구는 '지식이란 무엇인가'를 고찰해 온 분야이기에,
역사와 함께 다양한 분야가 발달해 왔다.
예컨대 제1차 AI 호황기 때 등장한 '추론'과 '탐색'은
지금도 여전히 중요한 연구 분야다. 그 밖에 또 어떤 연구 분야가 있을까?

AI 연구 분야

인간과 같은 지능을 가진 기계와 기술
인간의 지능은 어떻게 정의되는가?

추론 · 지식 · 언어

데이터에 인간의 지식
과 언어, 사고 체계와
규칙을 구축하는 연구.

학습 · 인식 · 예측

데이터로 미래를 예측
하거나 패턴을 분류하
는 연구.

신체 · 로봇 · 운동

로봇과 자율 주행차가
움직이는 방법 등. 인간
과 기계의 관계를 생각
하는 연구.

최첨단

범용 인공 지능을 비롯
해 새로운 사회적 과제
에 대응하려는 연구.

발견 · 탐색 · 창조

데이터에서 새로운 이
미지와 음성, 지식 등을
발견하거나 생성하는
연구.

진화 · 생명 · 성장

인간이란 무엇인지, 발
달과 진화를 이해하는
연구.

사람 · 대화 · 감정

사람과 같은 지능을 구
현하기 위한 인간의 인
지 · 감정 · 행동 연구.

인공 지능 학회 AI 맵 β 2.0의 D 파트에서 발췌
https://www.ai-gakkai.or.jp/resource/aimap/

시대와 함께 진화하는 AI 연구

AI 연구에는 지금까지 소개한 추론, 지식 구축과 더불어 출력 데이터를 사람에게 쉽게 전달하기 위한 소통 연구, 현실 세계에서 AI를 작동시키기 위한 신체성 연구, 새로운 데이터를 창조하거나 사람의 발달과 진화를 이해하기 위한 연구도 포함되어 있다.

최근 AI 기술이 차별적인 판단을 내린 사건을 계기로 여러 가지 사회적, 윤리적인 문제가 발생할 수 있음을 알게 되었다. 이는 기술만으로는 해결할 수 있는 문제가 아니므로 다른 분야 및 업종의 구성원과 함께 문제 해결을 위한 연구를 진행하고 있다.

AI 효과

다양한 분야가 연구되고 있지만, AI 연구는 항상 최첨단을 지향한다. 이에 따라 기계가 할 수 있는 일에 사람의 지능을 굳이 발휘할 필요가 없다고 생각하게 되면 그 기술을 더 이상 AI라 부르지 않는 것을 AI효과(AI effect)라고 한다.

예전에는 프로그래밍도 AI로 봤지만, 지금 프로그래밍을 AI라 부르는 사람은 아무도 없다. 마찬가지로 '챗봇' 등의 자동 응답 시스템, '길 찾기'와 같은 추론 시스템은 AI 연구에 그치지 않고 비즈니스 영역에서 이미 실용화되었다. AI 연구의 성과가 우리 사회에서 일반적으로 사용될 정도로 침투한 것이다.

AI 연구의 최첨단 분야

인간의 지능을 정의하는 방법이나 계측 방법을 생각해 내는 것이 AI 연구의 묘미이자 AI 연구가 지향하는 최첨단 분야다.

앞서 소개한 다양한 연구 분야 중 오늘날 AI 호황기의 견인차 역할을 한 '학습'하는 AI는 사물을 확률·통계적으로 인식하고 판단한다. 즉, AI가 의미를 이해하는 것은 아니라는 뜻이다(3.4절 참고). 그래서 제2차 AI 호황기에는 '기계가 의미를 이해하고 있는가(기호 접지 문제, 2.2절 참고)' 하는 숙제가 등장했다.

또한 AI의 블랙박스 문제(2.7절 참고)를 해결하려면 AI 내부에서 무슨 일이 일어나고 있는지 설명할 수 있어야 한다. AI의 판단 중에는 사람이 해석할 수 있는 것도, 해석할 수 없는 것도 있다.

예컨대 바둑이라는 한정된 범위 내에서 알파고는 사람이 축적해 온 지식의 체계를 뛰어넘었다. 우리는 AI가 둔 수의 의미를 '지금까지의 지식 체계 중 사람이 이해할 수 있는 범위' 안에서 이해하는 중이다.

그러나 현실은 바둑보다도 훨씬 복잡하다. 의료와 군사와 같은 분야에서 AI를 적절하게 관리하고 이용하려면 사람이 이해할 수 있는 형태로 AI 내부 구조를 설명하는 기술이 필요하다(3.3절 참고). 이러한 기술 역시 AI의 최첨단 연구 중 하나다.

범용 인공 지능이 마주한 도전과 우려

AI 연구가 지식이란 무엇인지 탐구하는 것이라면, 우리의 생각과는 다른 지식 체계도 있지 않을까? 오늘날 설명 불가능하다고 여겨지는 것도 사실은 우리가 아직 이해하지 못하고 있을 뿐일지도 모른다.

최첨단 AI 연구의 목표 중 하나는 범용 인공 지능을 구축하는 것이다. 하나의 AI가 여러 분야에서 활약하며 문제를 자주적으로 설정해 해결하도록 하는 것이다. 오늘날의 AI는 사람이 부여한 특정한 문제 해결 작업만 할 수 있는 특화형 AI다. 하지만 AI도 사람처럼 범용성을 가지게 된다면, 일일이 문제를 설정해 주지 않아도 스스로 문제를 설정해 해결할 수 있을 것이다.

다소 SF처럼 느껴지지만, 범용 인공 지능의 실현은 인류에게 매우 유익하다. 인류가 범용 인공 지능을 적절하게 관리하게 된다면 새로운 지식의 문을 열 수도 있다. 그로 인해 지식을 탐구하는 AI의 연구 분야는 더욱 확장될 것이다.

반면, 사람의 지식을 뛰어넘는 '초인공 지능(superintelligence)'이 등장했을 때 발생할 수 있는 우려에 관해서도 연구가 진행 중이다.

인류와 AI의 관계가 변화한다는 기술적 특이점(singularity)은 과연 언제 우리 앞에 당도할까?

치명적 자율 무기

범용 인공 지능과 초인공 지능은 아직 실현되지 않은 기술이지만, 그렇다고 고민을 소홀히 해서는 안 된다.

치명적 자율 무기(lethal autonomous weapons systems, LAWS)는 '아직 실현되지 않은 기술' 중 현실적으로 우려할 만한 것으로, 사람의 개입 없이 자율적으로 공격의 표적을 설정할 수 있는 무기를 말한다. 아직은 실존하지 않는 무기이지만 그 등장만으로도 인류 사회에 파멸적인 영향을 일으킬 것이라고 여겨져 2014년부터 유엔의 '특정 재래식 무기 금지 협약(CCW)' 내용을 중심으로 개발을 금지하는 논의가 시작되었다. 한국도 CCW 및 관련 2개 의정서에 가입했다.

그러나 이미 군사 연구 분야에서는 드론을 비롯한 AI 기술이 사용되기 시작했다. 공격을 막을 때는 사람보다도 기계의 판단이 빠르기 때문에 AI 시스템을 이용한 방어·방위 시스템을 도입한 나라도 있다. 방어를 기반으로 한다고 하더라도, 부분적이기는 하나 이미 자율 무기가 가동되고 있다고 볼 수 있다.

기존 무기와의 관계성이나 국제법상의 지위, 공격 시 책임 소재 등 AI의 군사 이용에 관해 다양한 과제가 산적해 있지만, LAWS의 정의가 명확하지 않아 논의에 어려움이 있다.

3장

AI의 기술적 과제

AI는 양질의 데이터 부족, 블랙박스 문제,
가짜 정보 등의 과제에 기술적으로 대응할 수 있을까?
이 장에서는 학습하는 AI를 발전시키고 개선해 나가는
최전선의 연구를 소개하기로 한다.

타닥
타닥

AI 시스템 만들기
: 요리에 빗대어 보기

오늘날의 AI는 현실 세계의 복잡한 문제에도 대응할 수 있게 되었다.
그러나 기술과 환경이 갖춰진다고 해서 바로 사용할 수 있는 것은 아니다.
목적이 명확한지, 데이터가 있는지, 사전 준비가 끝났는지, AI가 할 수 있는 일과 없는 일을
이해하고 있는지 등을 개발자와 사용자 모두 파악할 필요가 있다.

① 명확한 목적 설정

'회사 실적을 올릴 AI 시스템을 만들어 주세요.'

지금이야 이러한 두리뭉실한 요구가 많이 사라졌
겠지만, 최적의 AI 시스템을 구축하려면 반드시 목
적을 설정해야 한다.

AI는 목적 달성의 도구에 불과하고, 할 수 있는 일
도 한정되어 있다. 사용자가 목적을 명확하게 설정
해야 한다(2.5절 참고).

② 재료 준비

만일 데이터가 종이 혹은 pdf 파일로 되어 있다면
우선은 이러한 자료를 기계가 판독할 수 있는 상태
로 변환(사전 준비)해야 한다. 또한 그 데이터가 만
들고자 하는 시스템의 목적에 알맞은지 확인한다.

④ 요리 자체에 대한 이해

심층 학습은 확률적, 귀납적인 시스템이므로 항상 최적의 결과나 일관적인 결과가 나온다고 보장할 수 없다(3.2절). 아울러 정밀도는 높아졌어도 그 내용이 블랙박스이기도 하다(2.7절). 사용자는 이러한 점들을 염두해야 한다.

③ 사전 준비, 계획 이해하기

적절한 데이터가 있다고 해서 시스템을 바로 구축할 수 있는 것이 아니다. 데이터가 다른 이의 사생활을 침해하지는 않았는지(4.8절), 양은 충분한지(3.2절), 편향되지 않았는지(4.3절) 등을 확인해야 한다. 경우에 따라서는 데이터를 가공하거나 새로 입수해야 한다.

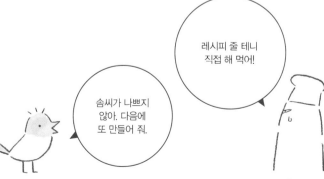

AI의 품질 관리

기계 학습의 기초는 확률과 통계다. 목적에 맞는 양질의 데이터를 사용하면
정확도나 정밀도가 올라가고, 이상한 데이터가 섞여 있다면 내려간다.
데이터의 양과 질이 개선되었는지, 결과와 목적이 일치하는지 꾸준히 확인해야 한다.

끊임없이 학습하는 AI

기계 학습에서는 인식이나 예측 결과의 확률을 '퍼센트'로 표시한다. 이 확률은 어떠한 데이터를 입력해 학습했는지, 어떠한 알고리듬을 이용하는지에 따라 달라진다.

AI의 학습이란, 목적에 맞는 출력 결과가 나오도록 AI가 자동으로 조정하는 것을 의미한다. 그렇다면, 정확도와 정밀도가 어디까지 도달해야 학습을 멈추게 될까(2.5절 참고)?

최종적인 판단은 사람이 한다. 어떤 AI의 경우 정밀도가 60%만 되어도 문제가 없고, 다른 경우 정밀도가 90% 이상일 때만 사용할 수 있는 등, 상황에

따라 요구되는 정밀도가 다르다.

AI는 학습할 때마다 이전의 AI와 다른 판단을 내린다. 즉 항상 최적의 결과나 일관적인 결과를 내놓는다고 보장할 수 없다.

한편, 끊임없이 학습하는 AI 또한 개발되었다. 개발자도 생각지 못했던 입력 데이터를 이용자가 일반에 공개된 AI에 입력해 문제가 되기도 했다(4.7절 참고).

과적합

AI 학습에는 데이터가 꼭 필요하다. 데이터에 문제가 있다면 최적의 결과를 낼 수 없다는 점이 지적되고 있다.

적은 양의 데이터로 학습시켰는데 그중 이상이 있는 데이터가 포함되었다면, 복잡한 문제를 풀게 했

을 때 문제가 발생한다. 이러한 것을 과적합이라고 한다. 부여한 학습 데이터를 과도하게 학습히려는 현상을 뜻한다.

과적합이 일어난 경우 이미 학습한 데이터에 대한 적합률은 높지만, 미지의 데이터에는 전혀 맞지 않는 AI 모델이 만들어질 우려가 있다.

정밀도와 실시간성의 트레이드 오프

시중에 나와 있는 많은 AI 시스템은 일정 수준의 정밀도에 도달한 후 학습을 멈춘 상태다. 학습을 멈추면 극단적으로 치우친 결과를 출력할 가능성이 줄어들고 일정한 성능을 보장할 수 있기 때문이다.

다만, 정기적으로 학습 데이터를 갱신해 재학습시키지 않으면 정확도가 떨어질 수 있다. 예를 들어 사람들의 구매 동향을 예측하는 AI 시스템을 만들 때

는 계절이 바뀔 때마다 고객의 구매 동향을 갱신해야 최적의 예측을 할 수 있다.

또한 재해가 발생했을 때 어디로 피신해야 하는지, 어디로 물자를 보내면 되는지와 같은 최적화 문제를 풀 때 AI를 사용하려면 재해 상황에 관한 최신 데이터가 필요하다.

시시각각 변하는 상황 속에서 AI 시스템이 최적의 판단을 내리려면 최신 정보가 많아야 한다.

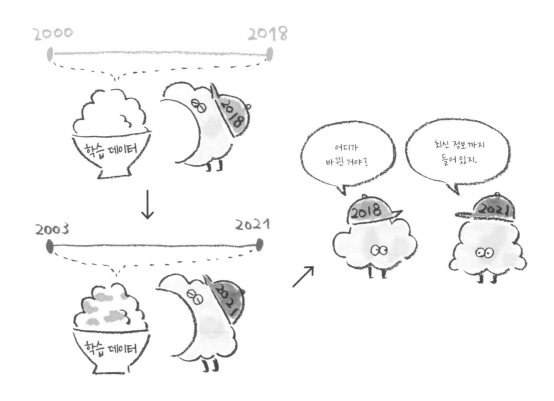

그러나 학습 빈도와 속도를 올려 데이터와 알고리즘을 거의 실시간으로 갱신하는 사양을 적용하면 시스템의 정확도와 정밀도를 확인할 시간이 부족해 오히려 문제를 일으킬 가능성도 있다.

모델링의 중요성

AI 시스템은 '만들면 끝'이 아니다. 정확도와 정밀도의 유지를 위해 결과와 목적이 일치하는지를 정기적으로 모니터링하며 운용하는 것이 중요하다.

구글처럼 한 회사가 기획, 설치부터 운용까지 담당하는 기업은 변화에 즉시 대응할 수 있다. 하지만 대다수의 기업은 개발, 서비스 제공, 서비스 운용을 각각 다른 회사가 담당하는 산업 구조 속에 놓여 있다. 따라서 문제를 알아차리지 못하거나 바로 문제에 대응할 수 없는 구조적인 과제가 있다(6.6절 참고).

기획 단계

매출을 올려야 할 텐데.

고객 동향 데이터를 집어넣자.

설치 단계

정밀도는 조금 더 높여 줘.

운용 단계

요새 예측이 자꾸 빗나가.

최신 고객 동향을 추가해 재학습시키자.

설명 가능성과 투명성 향상하기

심층 학습은 네트워크가 여러 층으로 이루어진 복잡한 구조이기 때문에
평가 및 판단 내용을 명확하게 설명할 수 없을 때도 있다. 이것이 '블랙박스 문제'다.
이 문제를 해결하기 위해 블랙박스 안에서 일어나는 일을 이미지나 언어로 설명하는
설명 가능 인공 지능(explainable AI, XAI) 기술이 개발 중이다.

판단 근거 강조하기

  AI의 판단 결과에서 AI가 중요하게 참고한 특징을
이미지에 표시하면 사람이 이를 해석한다.

이 방법을 사용하면 AI가 잘못된 판단을 내리더라
도 데이터를 재학습시키거나 알고리듬을 변경해 수
정할 수 있다.

해석 가능한 모델 흉내 내기

규칙에 기반한 해석성이 높은 다른 시스템을 사용하는 접근법도 있다. 규칙 기반의 시스템은 안에서 무슨 일이 일어나고 있는지 사람에게 설명할 수 있다(화이트 박스).

이러한 화이트 박스의 입출력 방법을 블랙박스화한 AI 시스템과 유사하게 조정한다. 그러면 유사 시스템(화이트 박스)의 동작을 블랙박스화한 AI의 동작 설명에 이용할 수 있다. 그러나 어디까지나 유사할 뿐이므로 명확한 설명이 아니라는 의견도 있다.

설명 가능성과 비용 문제

일종의 블랙박스인 AI 시스템의 절차가 논리적으로 설명되어야 하는 필요가 생겨났지만, 설명 가능한 AI를 구축하려면 비용이 든다.

의료나 인사 분야의 판단처럼 사람의 목숨이나 생활과 관련된 중요한 상황에서는 설명이 필요할지도 모른다. 그러나 AI의 예측과 제안을 사람이 참고하는 정도라면 설명 가능한 AI의 구축보다는 AI 판단의 정밀도를 높이는 일에 비용을 투자하는 것이 나을 수도 있다. AI 시스템은 목적과 이용 가능한 자원, 이용자의 요구 등을 종합해 구축해야 한다.

투명성 요구

AI의 작동 방식을 기술적으로만 설명해서 사람들의 불안을 가라앉히지 못한다면 AI 시스템은 잘 이용되지 않을 것이다.

중요한 것은 AI 시스템이 문제를 일으켰을 때 누가 책임을 질지, 보상은 있는지 등 사람과 기계의 역할 분담이나 책임 소재가 명확해야 한다는 점이다 (6.8절 참고).

이를 위해서는 설명 가능한 AI 시스템 구축을 통해 기술적인 투명성을 확보함과 더불어, 책임 소재에 관한 법적 · 제도적 투명성을 마련해야 한다. 그러면 AI 시스템에 대한 신뢰도도 높아질 것이다.

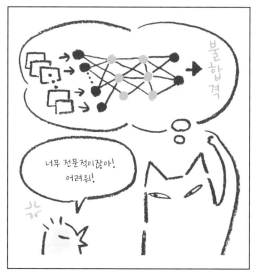

사람도 블랙박스다

우리는 AI 시스템에 설명을 요구한다. 하지만 과연 사람의 판단·행동의 이유는 투명하고 설명이 가능할까? 예컨대 AI 시스템이 아니라 사람이 결정하는 인사 채용 기준은 얼마나 투명하고 공평할까?

학교 성적, 심사 위원과 같은 고향 출신이라는 사실, 얘기를 나눠 보니 뭔가 다른 것을 느꼈다는 심사 위원의 직감과 독단으로 채용이 이루어진다면 사람의 판단은 기계보다 훨씬 애매한 블랙박스일 수도 있다.

사람의 블랙박스는 허용되지만, 기계의 블랙박스는 허용되지 않는 이유가 대체 무엇일까?

설명 가능성의 역이용 위험

기계든 사람이든 판단의 기준이 수치화되면 역이용당할 가능성이 있다.

예를 들어 채용 AI가 서류에 입력된 특정 단어를 고평가한다는 것이 사전에 알려져 있다면, 입사 지원서에 그 단어를 포함한 서술이 늘어날 것이다.

사람은 상대가 대책을 세웠다면 임기응변으로 기준을 바꾸거나 문제 설정을 바꿀 수 있다. 그러나 기계적으로 판단하는 AI 시스템은 이러한 유연성을 가지고 있지 않다는 점에서 목적이 명확한 공격에 취약하다(3.5절 참고). 그래서 중요한 때는 사람이 최종 판단을 내려야 한다.

AI에 상식과 지식 도입하기

AI의 행동에 설명이 필요한 것은 AI가 의미와 문맥을 이해하지 못하기 때문이다.
AI에게는 상식이 없어 사람이 상상할 수 없는 행동을 하기도 한다.
따라서 사람의 상식과 지식을 구조화해 AI에게 학습시키려는 연구가 진행 중이다.

AI는 무엇을 '보는가'

AI의 인식, 예측을 다양한 방법으로 해석해 그 근거를 설명해 낼 수 있다. 여러 이미지를 조합해 기계의 진짜 판단 근거를 알아내는 접근법도 있다.

하단의 이미지 중 AI는 왼쪽 이미지를 81.4%의 확률로 인도 코끼리로, 가운데 이미지를 71.1%의 확률로 갈색 줄무늬 고양이로 판단한다.

오른쪽 이미지는 이 두 가지를 합성한 것인데, 이것이 무엇이냐고 물으면 대부분의 사람은 색이나 질감이 아닌 형상에 주목해 '고양이'라고 대답할 것이

다. 그러나 AI는 63.9%의 확률로 '코끼리'라고 대답했다. 이 결과를 통해 AI는 형상이 아닌 질감이나 겉모습을 기반으로 판단한다는 사실을 알 수 있다.

질감이 아닌 형상에 주목하도록 재학습한다면 이러한 문제는 줄어들 것이다. 그러나 이와 같은 실험을 하지 않는다면 사람은 '기계가 실제로 무엇을 보고 판단하는지' 알 수 없다. 즉 AI가 왼쪽에 있는 '코끼리'와 가운데에 있는 '고양이' 이미지를 올바르게 판별했다면 사람은 AI의 학습에 문제가 없다고 착각할 수 있다는 뜻이다.

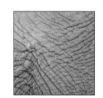  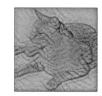

(a) 질감 이미지	(b) 형상 이미지	(c) 질감-형태 단서 충돌
81.4% **인도코끼리**	71.1% **줄무늬 고양이**	63.9% **인도코끼리**
10.3% 여우원숭이	17.3% 회색 여우	26.4% 여우원숭이
8.2% 흑고니	3.3% 삼고양이	9.6% 흑고니

▲ 형상보다 질감에 주목한 이미지 인식 결과[*1]

상식이 없는 AI

AI에게는 상식이 없다. 조정 게임에서 1등으로 들어오도록 AI에 강화 학습을 시키는 실험이 있었다. 시행착오를 거친 결과, AI는 시합 코스 밖을 달려 결승점을 통과하는 방법을 만들어 냈다. 이는 '코스 안을 달려야 한다'는 게임의 전제를 무시한 행동이었다.

잘못을 이해하는 AI

AI는 의료와 교통 등 실생활에서 다양하게 사용되기 시작했다. 따라서 복잡한 사회의 상태를 정확하게 인식하거나 예측하는 능력이 필요하다.

그러므로 앞으로는 '잘못'이라는 피드백을 받았을 때 그 이유를 이해하고 같은 잘못을 반복하지 않도록 새로운 질문을 끌어낼 수 있는 AI를 만드는 연구가 중요해질 것이다.

이와 같은 연구의 접근법 중 하나로, 과거 AI 호황기 때 개발된 규칙·지식 기반 AI 기술과 확률 통계가 특기인 오늘날의 AI 기술을 조합하고 여기에 실시간 정보까지 도입해 의미를 더욱 잘 이해하는 AI를 만들려는 시도가 있다.

오늘날의 AI 기술에서는 기계 학습이나 심층 학습에 주목하기 쉬운데, 다양한 AI 기술을 사용해 훨씬 '지적인 기계'를 목표로 하는 연구도 진행 중이다 (2.8절 참고).

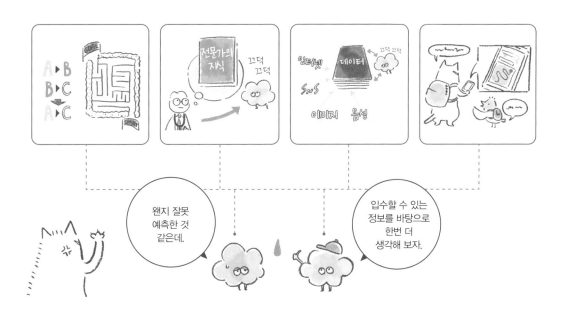

3.5

견고한 AI 만들기

품질 관리와 설명 가능성 외에도 AI 시스템의 개발자가 신경 써야 할 점이 있다.
기계는 의미를 이해하는 것이 아니므로 데이터를 잘못 인식하거나 속을 수 있다.
따라서 데이터가 균일하지 않거나 외부에서 악의를 가지고 공격하는 경우에도
AI가 대처할 수 있도록 해야 한다. 불균일성이나 공격에 강한 이 성질을 견고성이라 한다.

속임수에 넘어가는 AI

학습하는 AI의 특징을 이용한 적대적 공격(adversarial attack) 방법을 소개하기로 한다.

AI는 다음 쪽 상단의 왼쪽 이미지가 57.5% 확률로 '판다'라고 인식한다. 이 이미지에 가운데 이미지를 0.007배로 흐리게 해 합성하면 오른쪽 이미지가 된다.

가운데 이미지는 판다의 특징을 무효화하고, 긴팔원숭이의 특징을 최대한 부각시키는 특수한 이미지다.

사람의 눈에 오른쪽 이미지는 약간 흐릿하게 보이는 정도다. 그러나 AI는 합성된 가운데 이미지 때문에 오른쪽 사진을 '99.3% 긴팔원숭이가 확실하다'라고 인식한다.

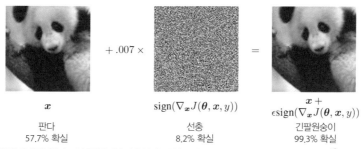

$$x$$
판다
57.7% 확실

$$\text{sign}(\nabla_{\boldsymbol{x}} J(\boldsymbol{\theta}, \boldsymbol{x}, y))$$
선충
8.2% 확실

$$x + \epsilon \text{sign}(\nabla_{\boldsymbol{x}} J(\boldsymbol{\theta}, \boldsymbol{x}, y))$$
긴팔원숭이
99.3% 확실

▲ 판다 이미지(왼쪽)에 노이즈를 합성해 긴팔원숭이 이미지로 오인하게 한다[*2]

■ 사람 속이기

AI가 이미지를 인식하는 방법은 사람과 다르다. 사람의 눈, 나아가 뇌는 약간의 노이즈가 있어도 이를 제거하고 부분적으로 보충해 추측한다.

그런데 오히려 이를 이용해 사람을 속일 수 있다. 예컨대 통조림 옆에 놓인 따개를 보면 사람은 그것이 캔 따개라고 생각한다.

■ AI 속이기

한편 AI는 이미지를 인식할 때 오른쪽 위에서 왼쪽 아래까지 균일하게 바라보고 전체를 파악해 패턴을 찾는다. 사람의 눈에는 보이지 않는 노이즈도 똑같이 계산에 넣기 때문에 결과적으로 속고 마는 것이다.

한 연구에 따르면 일부분에 특징을 무효화시키는 스티커만 붙여 놓아도 AI를 속일 수 있었다.

AI 속임수가 불러올 혼란

'판다'를 보고 '긴팔원숭이'라고 속는 것이야 큰 문제는 없겠지만, AI는 실생활에서 다양하게 사용되는 기술이다.

AI를 공격했을 때 가장 큰 영향을 받는 분야가 바로 교통 시스템이다. 다음 쪽 상단의 왼쪽 사진과 같은 경우 AI가 '멈춤' 표지판을 '속도 제한' 표지판으로 잘못 인식했다. 'STOP'이라는 글자 아래 사각형의 스티커가 붙어 있기 때문이다. 도로를 달리는 자율 주행차가 도로 표지판에 붙어 있는 작은 스티커 한 장 때문에 이와 같은 잘못된 인식을 한다면 상당히 위험할 수 있다.

이러한 혼란에 대비해 적대적 이미지도 포함해 학습시키는 방어법이 연구되었지만, 완전히 막기는 아직 어렵다.

한편 '적대적인 이미지는 판독하는 거리와 각도가 바뀌면 무효가 된다'라는 의견도 있다. 이 의견대로라면 자동차가 이동할 때 보이는 표지판의 크기와 각도가 계속해서 달라지기 때문에 자율 주행차에 관해서는 걱정할 필요가 없다.

그러나 반론도 있다. 한 연구에 따르면 자동차가 스티커가 붙여진 표지판에 가까이 다가가는 내내 '멈춤' 표지판을 '속도 제한 45km'로 인식했다고 한다.

AI 인식 방해

인식을 방해하는 의도적인 공격 외에, 환경적인 요인 때문에 AI가 잘못 인식하거나 적확하게 판단할 수 없는 경우도 있다. 이미지에 먼지나 이물질이 묻어 있거나, 조명의 각도에 따라 이미지가 잘 보이지 않으면 AI는 적절하게 인식할 수 없다. 이 또한 견고성의 문제라 할 수 있다.

우리 주변 곳곳에는 안면 인식 시스템을 사용하는 감시 카메라가 설치되어 있다. 이러한 환경 속에서 AI의 견고성 문제를 역이용해 AI가 사람을 인식하지 못하게 하는 연구도 진행 중이다.

다음 쪽 상단의 오른쪽 사진에서 보듯, AI는 왼쪽 사람을 사람으로 인식했지만 옆에 있는 사람은 사람이라고 인식하지 않았다. 오른쪽 사람이 목에 걸고 있는 특정 무늬가 AI의 판단을 방해했기 때문이다.

이 기술을 응용해 어떤 연구에서는 AI의 인식을 방해하는 무늬를 셔츠에 프린트해 사람에게 입혔다(하단 사진). 이는 도라에몽의 '투명 망토' 같은 역할을 한다. 이 셔츠를 입고 있는 사람은 사람의 눈에는 확실하게 보여도 AI에게는 인식되지 않는 것이다.

▲ 멈춤(stop) 표지판을 속도 제한(speedlimit) 표지판으로 잘못 인식한다[3]

▲ 왼쪽 사람은 사람으로 인식하지만, 오른쪽은 인식하지 않는다[4]

▲ 가운데 있는 사람은 사람으로 인식되지 않는다[5]

견고성은 속지 않는다는 뜻이야?

환경의 변화에 유연하게 적응하고, 예측하지 못한 사태에 대응할 수 있다면 견고성이 높은 시스템이야.

속임수뿐 아니라, 인식 대상인 그림이 잘 안 보이거나 방 안이 어두워 제대로 인식할 수 없어도 견고성의 문제라고 할 수 있지.

생성적 AI

기존의 데이터를 사용해 새로운 작품을 만들어 내는 것은 학습하는 기계만의 특징이다.
다만 가짜 사진이나 가짜 정보를 생성하는 딥 페이크(deep fake)가 사회적 문제로
부상하고 있다(4.7절 참고). 가짜 정보를 파악하려는 연구가 진행 중이지만,
적대적인 공격과 마찬가지로 기술의 악용은 늘 그보다 앞서 나가기 마련이다.

생성적 적대 신경망

이미지 등의 데이터에서 특징을 학습해 실존하지 않는 데이터를 생성하는 생성적 적대 신경망(generative adversarial network, GAN)은 비지도 학습의 일종이다.

GAN의 구조는 위조지폐를 만드는 사람과 이를 잡으려는 경찰 사이의 공방에 비유할 수 있다. 경찰을 속이고 싶어 하는 위조지폐 제조자(generator, G)와 위조지폐를 확실히 단속하려 하는 경찰(discriminator, D)의 역할을 인공 신경망에 대입해 보자.

위조지폐를 만드는 사람은 데이터의 특징을 통해 진짜와 흡사한 데이터를 생성한다. 이것이 진짜인지 가짜인지 판별하는 것은 경찰이다. 이 판별 결과를

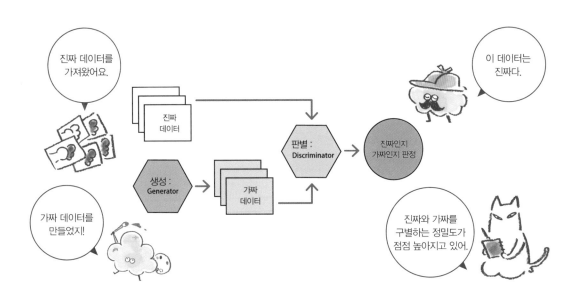

바탕으로 G는 더욱 진짜에 가까운 가짜 데이터를 생성하도록 학습하고, D는 가짜를 진짜라고 판별하지 않도록 학습한다.

이 기술은 다양한 분야에 응용되고 있다. 가상의 사람 얼굴이나 동물, 풍경 등을 매우 흡사하게 생성하는 것이 그 예다.

[응용 사례 1: 글자로 이미지 생성]

입력한 문자 정보를 바탕으로 이미지를 생성하는 연구도 있다. 아래 이미지는 '배와 발목은 노란색, 등과 날개는 회색, 부리와 목덜미는 갈색이고 얼굴이 까만 새'라는 문자를 바탕으로 생성되었다.

[응용 사례 2: 이미지 상호 변환]

같은 이미지라도 사진을 그림으로 변환시키는 등 질감을 바꿀 수 있다. 모네의 풍경화를 사진처럼 변환하거나, 말의 사진을 얼룩말 사진으로 변환시키는 연구가 진행되었다. 사진으로 모네 풍의 그림을 만드는 등 반대 방향으로도 생성이 가능했다.

▲ 문장으로 이미지를 생성할 수 있다[6]

모네의 그림 → 사진

▲ 질감이 서로 다른 이미지로 변환할 수 있다[7]

생성적 사전 학습 변환기 3

GPT-3(generative pre-trained transformer-3)은 비지도 학습을 사용해 자연스러운 문장을 써 내려가는 자연 언어 처리 AI다. 2020년에 인공 지능을 연구하는 단체인 오픈AI(OpenAI)가 공개해 화제를 모았다.

인터넷에서 사용되는 대량의 문장을 학습해 자연스러운 문장을 생성하는 기술은 이전에도 존재했다. 그러나 GPT-3은 그 정밀도가 매우 높고 문장 생성에 특화되어 있다. GPT-3은 짧은 문장이나 프로그램 코드를 입력하면 이에 호응하는 문장을 이어서 생성해 준다.

GPT-3이 만드는 문장은 매우 자연스러운 편이지만, 때로는 이상한 문장이 완성되거나 내용의 흐름이 바뀌기도 하므로 자동 생성을 할 때는 인간이 개입해 적절하게 수정한다.

이미지나 문장의 자동 생성은 가짜 이미지와 가짜 문장의 생성으로 이어진다. 그러므로 자동 생성이 악용되지 않는 시스템에 대해서도 고민해야 한다.

GPT-3의 악용을 피하고자, 개발 초기 단계에 오픈AI는 일부 연구자만 이용할 수 있게 제한을 걸어 두기도 했다.

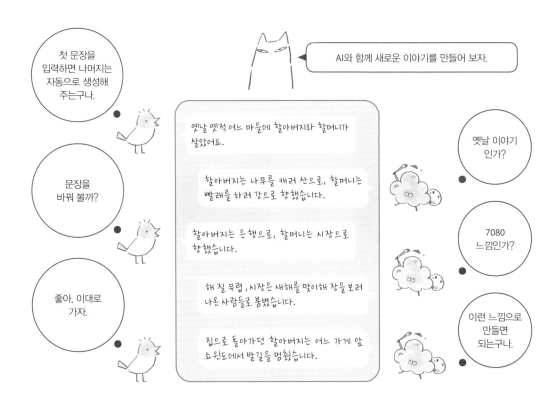

딥 페이크와 그 구분법

다양한 이미지와 동영상이 생성되는 가운데, 유명인이 진짜로 이야기하는 것처럼 보이는 페이크 동영상이 문제가 되었다. 심층 학습을 사용해 만든 페이크를 딥 페이크라고 한다.

오바마 미국 전 대통령이나 페이스북의 CEO인 마크 저커버그의 페이크 동영상이 만들어졌다고 가정해 보자. 이러한 동영상은 언뜻 진짜와 구분하기 어렵다. 이 영상이 진짜라고 믿게 되면 국가의 중요한 선거나 주식 동향에 큰 영향을 미칠 수도 있다.

■ 딥 페이크 구분하기

GAN으로 생성된 가짜 이미지나 동영상을 간파하는 방법도 모색 중이다. 아래 이미지는 GAN을 이용해 실존하지 않는 가상의 인물을 만들어 내는 웹 사이트에서 생성한 것이다(thispersondoesnotexist. com).

이 웹 사이트는 얼굴 이미지 생성에 특화되어 있으므로 생성된 이미지의 배경이 부옇거나 이상한 것이 합성되어 있기도 하다. 생성한 이미지에서 옷이나 안경 등 액세서리의 형태가 일그러져 있기도 하다. 아래에 있는 자동 생성 이미지에서도 어색한 부분을 찾아볼 수 있다. 가짜 동영상에서는 사람이 부자연스럽게 눈을 깜빡이거나 움직이기도 하고, 조명이나 그림자가 어색하기도 하다.

하지만 '가짜'라고 해도 사람의 눈으로는 구분할 수 없는 것도 많다. 실제로 이를 정확히 파악하는 일은 매우 어렵다.

그 결과 딥 페이크의 진위를 판별하는 알고리듬이 연구 중이다. 미국 국방부 연구 기관이 소셜 미디어 범죄를 조사하는 사업의 일환으로 가짜 동영상 적발 연구에 참여했을 정도로 관심이 높은 기술 연구 분야다.

배경이
이상해.

옆에 있는 사람이
일그러졌어.

귀와 모자가
하나가 됐어.

머리에 이상한 게
붙어 있어.

▲ thispersondoesnotexist.com에서 생성한 이미지

3.7

전이 학습

AI에는 양질의 데이터가 대량으로 필요하지만(3.2절 참고),
현실적으로 대량의 데이터를 준비할 수 있는지,
지도 학습이라면 정답 데이터를 대량으로 만들 수 있는지,
데이터를 대량으로 가진 대기업이 유리한 것 아닌지 등 다양한 과제가 존재한다.
이에 대응하기 위한 연구로 전이 학습을 소개하고자 한다.

전이 학습

AI 모델의 일부를 옮겨(전이해) 이용하는 기계 학습을 전이 학습이라고 한다.

이미 학습된 AI 모델에서 공통으로 사용할 수 있는 부분을 추출해, 새롭게 해결하려는 과제에 특정 부분만을 학습시키면 데이터의 양과 비용, 학습 시간을 줄이고 효율적으로 학습할 수 있다.

이러한 방법은 층 구조로 이루어진 인공 신경망에 적용할 수 있다. 다만 전이 학습 역시 과거 데이터로만 학습할 수 있다는 점에 주의해야 한다. 전이 학습으로 제공하는 데이터는 과거에 학습한 것과 아예 다른 새로운 것이 아니다. 그러므로 기존의 학습 데이터와 인공 신경망 층에 있는 데이터의 편향도 계승된다.

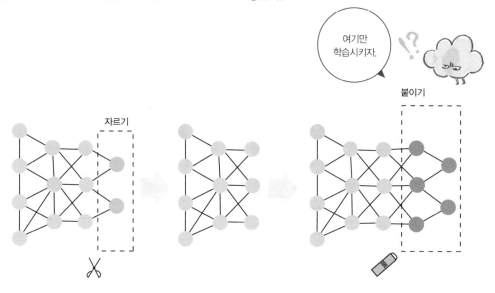

데즈카 오사무 프로젝트

GAN과 전이 학습을 합친 사례로 '데즈카 2020 프로젝트'에서 만든 캐릭터를 들 수 있다.

이 프로젝트는 GAN을 사용해 마치 데즈카 오사무가 그린 것 같은 캐릭터를 생성하고자 그의 작품에 등장하는 모든 인물의 얼굴을 편집해 AI에게 학습시켰다.

AI가 그린 그림은 데즈카 오사무의 것과 비슷했지만, 얼굴의 비율이 무너져 '사람다움'이 표현되지 않았다. 데즈카 오사무의 작품에서 등장인물의 정면 얼굴이 나온 컷이 적었던 것이 원인이라는 지적이 있었다.

이러한 지적을 바탕으로 개발 프로젝트팀은 실제 이미지로 얼굴 구조를 학습시킨 후 데즈카의 만화를 학습시키기로 했다. 애초에 만화란 사람의 얼굴을 2D화한 것이기 때문이다.

사람의 얼굴이 찍힌 3D 이미지를 학습한 AI에게 데즈카 오사무의 작품에 등장하는 2D 데이터를 전이 학습시킨 결과, 좀더 사람다운 캐릭터가 생성되었다.

GAN과 전이 학습이라는 두 가지 기술을 조합해 적용하자, AI가 데즈카 오사무 캐릭터를 만들어 낸 것이다.

▼ '데즈카 2020 프로젝트'에서 생성한 캐릭터

GAN 사용

©2020 NVIDIA Corporation

전이 학습과 GAN 조합

©2020 NVIDIA Corporation

출처: https://tezuka2020.kioxia.com/

AI의 민주화

누구나가 AI를 사용할 수 있게 되었다는 것을 가리켜 AI의 개방화, 민주화라고 한다.
기계 학습 커뮤니티에서는 초심자부터 숙련자에 이르기까지 모두가 정보를 공유한다.
AI가 민주화되면 진입 장벽이 낮아지고, 소수의 대기업뿐 아니라 스타트업 기업이나
개인도 오픈 데이터를 활용해 새로운 연구를 하거나 서비스를 제공할 수 있게 된다.

■ 수업과 연구 논문

온라인에 공개된 강의 중 기계 학습에 관한 수업이
많이 있다. 수많은 최신 논문도 무료로 볼 수 있다.

■ 개발 도구

기계 학습으로 인식이나 예측을 할 때 사용할 수 있는
도구가 무료로 공개되어 있다. 이미지 인식이나 자연
언어 처리 등, 목적에 따라 나누어 사용하면 된다.

■ 데이터

기계 학습에는 데이터가 필요하다. 인구나 금융 관련 통계 데이터는 정부와 연구 기관이 무료로 공개하는 것을 사용할 수 있다. 이미지와 언어, 위치 정보 등에 특화된 데이터 세트도 있다(4.3절 참고).

■ 커뮤니티

기계 학습 기술을 겨루는 대회도 있다. 참가자가 구축한 모델을 공개하거나 의견을 주고받는 장으로도 활용된다.

■ 클라우드 서비스

대량의 데이터를 저장하고 고속 계산을 하는 서버를 필요한 만큼 저렴하게, 혹은 무료로 사용할 수 있고 초기 비용 없이 개발 환경을 갖출 수 있다(2.1절 참고).

4장

AI가 만들어 낸 사회적 과제

기술만으로는 AI가 만들어 낸 사회적 과제를 해결할 수 없다.
우리 사회의 불평등이나 차별이 기술에 파묻혀 버리기 때문이다.
이 장에서는 AI라는 거울이 조명하는 다양한 사회 문제의 대책을
기술 사회적 관점에서 생각해 보기로 한다.

어리버리 AI 탐정의 사건 수첩

AI는 데이터와 알고리즘을 이용해 인식, 예측, 생성, 소통한다.
그러나 복잡한 사회에서 AI는 가끔 말이 안 되는 판단을 내리기도 한다.
따라서 AI의 이용 때문에 누군가 불이익을 당하는 구조는 아닌지,
악용될 우려는 없는지 사회 규범이나 제도와의 상호 작용을 생각해야 한다.

케이스 1. 체포 실수

2020년에 안면 인식 시스템의 잘못된 판단으로 미국의 미시간주에서 흑인 남성이 잘못 체포된 일이 있었다(4.3절 참고).

케이스 2. 페이크 동영상

유명인의 페이크 동영상을 만들어 선거 활동을 방해하거나 명예를 실추시키는 일이 있었다(3.4절, 4.7절 참고). 문제가 심각해지면서 한국에서도 2020년부터 페이크 포르노 동영상 제작 등에 대한 처벌이 강화되었다.

케이스 3. 차별적인 예측

미국 법원은 범죄자의 재범 가능성을 예측하는 시스템을 사용하고 있는데, 백인보다 흑인의 재범률을 높게 예측해 문제가 되었다. 한편 채용 심사 AI는 여성을 저평가했다(4.4절, 4.5절 참고).

케이스 4. 혐오 발언

미국에서는 챗봇처럼 대화가 가능한 AI가 특정 그룹의 사람들에게 차별적인 발언을 해 문제가 되었다.

세계 각국에서 이러한 혐오 발언을 신속하게 삭제하는 법안이 발의 중이다(4.7절 참고).

문제가 발생하는 이유

AI를 설계하는 사람의 시선에도 편견이 존재한다. AI는 사람의 활동이나 생각을
설계와 데이터에 적용해 만들어지기 때문에, 이것이 해결되지 않는 한
AI가 학습한 차별이나 편견은 절대 사라지지 않는다. AI는 인간 사회의 거울이다.

AI 탐정이 어리버리한 네 가지 이유

① 데이터 편향

애초에 AI를 설계하는 사람의 시선에 편견이 있다. 이것이 사라지지 않는 한, 사람의 활동이나 생각이 설계와 데이터에 적용된 AI의 차별이나 편견은 절대 사라지지 않는다. AI는 우리 사회의 거울이다.

② 알고리듬 문제

출력이 편향되어 있다면 적절한 알고리듬을 사용하지 않았기 때문일 수 있다. 예를 들어 특이한 사람을 찾으려 하는데 평균적인 사람을 찾아내는 알고리듬을 사용한다면 결과에 오류가 생기게 된다(4.4절 참고).

③ 설계자의 편견

알고리듬이 잘못 선택되거나 데이터가 편향되는 이유는 무엇일까? 데이터를 수집한 사람이나 알고리듬 설계자가 문제를 알아차리지 못했을 가능성이 있기 때문이다(4.4절 참고).

④ 사회적 편견

그렇다면 설계자는 왜 문제를 알아차리지 못했을까? 애초에 편향되지 않은 데이터가 없고 우리 사회 전체적으로 편견이 존재하기 때문이다(4.4절 참고).

과거 데이터의 한계

AI는 확률이나 통계에 기반한 계산을 가장 잘한다. 예를 들어, 과거에 의료비를 지불한 사람과 그 금액에 관한 데이터를 AI에 입력하면 앞으로 누가 어떤 의료 서비스 혹은 돌봄을 필요로 할지 예측할 수 있다.

그러나 특별한 의료나 돌봄이 필요한 사람들이 정말로 의료나 돌봄 서비스를 받고 있는지 의문을 가져 봐야 한다.

해외에서 실시된 한 연구에 따르면, 특별한 돌봄이 필요한 사람을 예측하는 AI 알고리듬은 흑인이 서비스를 필요로 할 확률을 매우 낮게 평가했다.

이러한 문제가 일어난 데는 역사적 · 금전적 · 문화적으로 흑인이 의료 서비스를 이용하기 어려웠다는 배경이 있다. 과거 데이터만 참고하면 지금의 사회 상황이나 사람들의 실제 수요를 착각하게 된다.

이 예시는 오랫동안 인종 차별 문제를 겪었던 나라에서만 일어나는 문제라고 반박할 수 있겠지만, 그렇지 않은 나라에서도 성별이나 지역, 사회 · 경제 환경 등에 관해 비슷한 문제가 얼마든지 발생할 수 있다.

우리는 다양성의 사회에서 살고 있다. AI 시스템을 만들거나 이용할 때 수집하는 데이터의 인종, 성별, 연령, 지역, 종교, 사회 · 경제적 계급 등 다양한 요인을 고려하고, 그 사이에 있는 권력 관계를 의식해야 한다.

권력 문제

'권력'이라는 단어는 간단히 말해 '힘'이다. 권력은 일부 사람들만 우위를 차지하는 관점에서 무엇이 옳고 그른지 판단하는 기준을 만들어 낸다. 최근 이슈가 되고 있는 '갑질'이라는 사회 현상도 권력의 관점에서 이해할 수 있다.

AI를 구축할 때도, 조직 내에서 힘을 가진 사람이 자신에게 더 익숙하고 당연하게 여겨지는 데이터와 알고리즘을 선택하면 차별이 재생산된다.

그러므로 비교적 다른 사람들보다 높은 지위에 있는 사람은 자기 자신의 '당연함'을 의심할 필요가 있다. 물론 쉽지 않은 일이다.

무의식적 편견

자기 자신의 당연함을 의심하기 어려운 이유 중 하나로 무의식적 편견을 들 수 있다. 나와 내가 속한 커뮤니티가 특정한 개념이나 사람들에게 치우쳐 있다는 사실을 눈치채지 못하는 현상이다.

즉 한쪽으로 치우친 주장을 하거나 편향된 데이터와 알고리즘을 선택하는 것은 악의가 있기 때문이 아니라 그저 무지했거나 눈치채지 못했기 때문일 수도 있다.

그러므로 만일 이러한 사실을 깨달을 수만 있다면 편향된 데이터와 알고리즘을 되돌려 놓을 수 있을지도 모른다.

데이터 세트 편향 문제

AI가 차별적이고 불공평한 판단을 하는 이유로 데이터의 문제를 들 수 있다.
문제를 알아챘다면 바로 되돌릴 수도 있지만,
데이터 또한 사회적으로 만들어지기 때문에 쉽게 수정하지 못하는 경우도 있다.
그 이유를 생각해 보자.

훈련 데이터와 시험 데이터

인식이나 예측의 정밀도를 높이려면 최적의 데이터를 학습시켜야 한다. 이때, 이용할 수 있는 데이터의 대부분은 AI의 훈련에 사용한다(훈련 데이터).

그 후, 훈련에 사용하지 않고 빼 둔 데이터(AI에게는 미지의 데이터다)를 시험 데이터로 사용해 AI의 인식과 예측의 정밀도를 확인한다. 여기서 만족할 만한 정밀도를 얻지 못했다면 데이터와 알고리듬을 조정해 재학습시킨다(2.5절 참고).

[사례: 체포 실수]

훈련 데이터가 특정 카테고리에 편향되어 있으면 인식과 예측 정밀도가 떨어진다. 백인의 안면 데이터만 훈련했는데 시험 데이터에 흑인의 얼굴이 있다면 인식 정밀도가 떨어져 버리는 식이다.

실제로 2020년 6월, 안면 인식 AI가 범인으로 지목한 흑인 남성이 억울하게 체포된 사건이 있었다. 이 사건을 계기로 미국과 유럽에서는 경찰이 안면 인식 시스템 기술을 사용해서는 안 된다는 논의가 퍼지고 있다.

고양이 얼굴을 인식하는 테스트를 할 거야.

훈련 데이터에는 새밖에 없고, 고양이 이미지는 5%뿐인데?

훈련 데이터와 시험 데이터를 잘못 나눴네……

편향된 데이터 수정의 어려움

인식과 예측의 정밀도가 만족스럽지 못하거나 차별적이라면 훈련 데이터를 재검토할 필요가 있다. 그러나 애초에 사고 범위 문제(2.2절 참고)에서 제시한 것처럼 우리는 실생활의 모든 정보를 취득할 수 없다. 희귀 질환이나 100년에 한 번 발생하는 재해처럼, 데이터가 너무 적은 탓에 쉽게 수정하지 못하는 경우도 있다.

나아가 개인 정보와 사생활 문제가 있으므로 특정 인종이나 성별의 얼굴 사진이 부족하다고 함부로 데이터를 끌어모을 수는 없다.

계산 비용과의 트레이드 오프

'양질의' '모든' 데이터를 얻게 된다면 훨씬 복잡한 계산이 가능해지니 정밀도는 높아질 것이다. 하지만 그러한 데이터를 모으는 데는 상당한 비용과 시간이 든다. 더구나 데이터가 많으면 시뮬레이션도 더 많이, 오래 해야 하므로 비싼 계산기가 필요하다.

상용 AI 서비스의 경우, 서비스 제공자와 이용자 모두 비용을 지불하고 싶어 하지 않는다. 그래서 일정 수준의 정밀도와 정확성이 보장된다면 데이터의 부족함이나 불공정함은 수정하지 않기로 판단할 가능성이 있다.

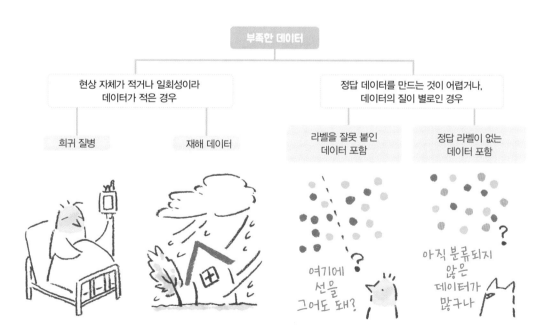

공개 데이터 세트

충분한 학습을 위해서는 수천수만의 훈련 데이터가 필요하다. 새의 종류를 인식하고 싶은데 의자나 책상의 데이터 세트를 학습시킨다면 제대로 된 판단을 내릴 수 없다.

또 새의 데이터를 학습시켰다 하더라도 그 대상이 한국에 서식하는 새에 한정된다면, 해외에 서식하는 새는 인식할 수 없다.

스스로 대량의 데이터를 모으기 어려운 사람을 위해 다양한 기관이 손 글씨, 동물이나 생활용품 등의 라벨을 부착한 데이터 세트를 무료로 제공하고 있다 (3.8절 참고).

덕분에 편리해진 것은 물론이고, 동일한 데이터 세트를 사용함으로써 AI의 정밀도와 인식의 속도를 비교할 수 있게 되었다. 대량의 무료 데이터 세트가 있었기 때문에 이미지 인식의 정밀도가 향상되었다.

데이터 세트의 편향과 수정

무료의 대규모 데이터 세트는 편리하지만, 데이터 세트 자체가 차별적이라면 AI 또한 그 차별적인 판단을 이어받게 된다.

■ 차별적인 라벨이 붙은 데이터

2020년에 MIT는 8000만 장의 이미지가 있는 데이터 세트를 삭제했다. 이 데이터 세트에는 정지된 영상 속 인물과 사물의 이미지, 그리고 이에 대한 설명이 적힌 라벨이 붙어 있었는데, 여성의 이미지에 '매춘부'라는 라벨이 붙어 있거나, 흑인의 이미지에 멸칭이 적혀 있었다고 한다.

세계적으로 유명한 연구 기관이 공개한 데이터 세트였던만큼 그 내용을 의심하기란 쉽지 않았다. 게다가 8000만 장이나 되는 이미지를 일일이 확인할 수도 없어 2008년에 공개한 이후 2020년에 삭제될 때까지 아무도 문제를 제기하지 않았었다.

■ 인터넷은 사회를 비추는 '거울'일까

데이터 세트뿐 아니라 정보는 인터넷에서도 많이 얻을 수 있다. 다만 인터넷에서 입수할 수 있는 정보도 현실 세계를 적확하게 비추는 '거울'은 아니다.

예를 들어 온라인 백과사전인 위키피디아(Wikipedia)는 AI의 훈련 데이터로 이용된다. 하지만 위키피디아에는 여성 편집자가 적고, 내용이 편향되어 있으며, 기재된 여성 인물의 수도 적다는 지적을 받고 있다. 따라서 위키피디아의 데이터를 기반으로 AI를 학습시킨다면 성별이 편향된 학습을 할 가능성이 있다.

좋은 데이터란 무엇인가

이처럼 알고리듬뿐 아니라 데이터 그 자체의 신뢰성을 검토하는 일도 중요해지고 있다. 사회 자체가 왜곡되어 있기 때문이다(4.2절 참고).

예를 들어 인터넷 정보는 가짜 뉴스(4.7절 참고) 때문에 사실과 다를 수 있다. 입수한 데이터가 '양질의' '올바른' 것이라는 사실을 담보할 수 있는지는 정밀도가 좋은 AI가 만들어지고 난 이후에 생각해야 할 과제다.

정밀도와 공정성의 트레이드 오프

질 좋은 데이터를 늘리려면 비용과 시간이 든다. 만약 현재 수중에 있는 데이터 중 대상이 되어야 하는 사람의 성별이나 인종, 능력과 같은 속성을 공정성을 따져 조정하고 데이터를 취사 선택한다면 데이터의 양이 줄어들고, 정밀도가 떨어지는 문제가 반드시 발생하고 만다.

정밀도와 공정성 중 어느 것을 중시할지는 AI를 이용하는 목적에 따라 달라진다. 애초에 AI는 100%의 정밀도를 보장할 수 없으므로 기술을 항상 모니터링하고(3.2절 참고) 최종 판단은 사람에게 맡기는 등의 구조를 만들어 내는 일이 중요하다.

알고리듬과 사회 문제

기계 학습은 통계를 기반으로 하므로 과거와 미래는 변하지 않는다는 전제를 바탕으로 인식 · 예측한다.
즉 현재 사회에 존재하는 차별과 편견도 재생산하고 만다.
과거를 통해 현재를 만드는 것이 아니라 어떠한 미래를 만들어 가고 싶은지 생각하는 것이 인간의 몫이다.

설계자의 다양성

　사회에 이미 보급된 데이터뿐 아니라 사회 구조 그 자체마저 편향적인 것도 문제이다.

　일례로, 세계적으로 기술 업계에서 일하는 여성 근로자 수는 많지 않다. 유명 공대에 입학하는 사람은 집이 부유하거나 대도시 출신인 사람이 많다고 한다. 이러한 기술 업계의 다양성 결핍 또한 무의식적 편견(4.2절 참고)을 만들어 낸다는 지적이 있다.

알고리듬 조정

　무의식적 편견을 깨달았다면 데이터와 알고리듬을 어떻게 조정하면 좋을지 고민해야 한다.

공정성 확보의 어려움

2018년 10월 뉴스
"아마존, 채용 AI의 개발 중지…
AI가 남성을 우선 채용한 사실이
원인으로 밝혀져"

AI에게 이력서를 학습시켰더니 여대 졸업, 여자 테니스부와 같은 단어가 포함되어 있으면 평가가 좋지 않았대.

■ 편향의 재생산

실제 사회에는 다양성이 늘어나고 있지만 인터넷상에서는 오래된 정보가 갱신되지 않는 경우가 있다. 예를 들어 현재 영국에서는 언론인의 47%가 여성인데, 검색 사이트의 이미지 데이터에서 여성 언론인이 차지하는 비율은 33%에 불과하다. AI가 오래된 정보를 훈련 데이터로 사용한다면 편향은 재생산되고 말 것이다(4.3절 참고).

인터넷상의 정보를 예시로 들었지만, 현실의 고용 경향도 마찬가지다. 과거 데이터를 바탕으로 학습한 AI는 기존의 사회 구조를 혁신할 만한 제안이나 판단을 내놓을 수 없다.

결국 우리가 어떠한 사회에서 살고 싶은지, 어떠한 사회적 가치를 중시하는지는 과거 데이터를 통해서가 아니라 사람이 설정해야 한다.

■ 당신이 개발자라면?

당신이 검색 엔진의 개발자 혹은 기업의 홍보 담당자나 경영자라고 가정해 보자. 영국의 사례처럼 현실과 인터넷상의 성비가 다르다는 사실을 깨달았다면 다음 중 어떠한 행동을 취할 것인가?

1. 데이터를 갱신하려면 비용과 시간이 들고, 특별히 문제가 있는 것도 아니므로 현재 상태를 유지한다(여성의 비율 33% 유지).
2. 현실의 성비와 일치하도록 훈련 데이터와 알고리듬을 조정한다(여성 47%).
3. 이상적인 성비(반반)가 되도록 훈련 데이터와 알고리듬을 조정한다(여성 50%).

데이터를 수정하거나, 관련 속성이나 변수를 제거하면 판단의 정밀도가 떨어질 것 같으니 포기한 거겠지(4.3절 참고).

성별을 지정하지 않았지만 '기술자 채용=남성 채용'이 되어 버린 거야.

'기술직은 남성이 많다'라는 사회 자체의 편향이 문제였구나!

좋은 사회란 무엇인가

AI가 공평하게 판단하려면 데이터 세트와 알고리듬을 조정해야 한다(4.3절 참고). 이때 어떤 기준을 세워야 할까?

기준을 설정할 때 좋은 사회나 좋은 AI를 만들겠다는 표어를 쓰기도 한다. 그렇다면 '좋다는 것(good)'은 무엇일까? 누군가에게 있어 좋은 상황은 무엇일까? 이런 질문들을 던질 필요가 있다.

공평과 더불어 평등, 공정처럼 몇 가지 기준이 되는 개념이 있는데, 이러한 단어의 의미는 실로 다양하다. 평등을 예로 들어 보면, 출발선이 같은 '기회의 평등'과 최종적으로 결승선에 도착한 시점이 같은 '결과의 평등'은 다르다. 이처럼 무엇을 요구하는지가 다르면 선택하는 데이터와 알고리듬도 바뀌게 된다.

■ 평등과 공평

평등(equality)과 공평(equity) 또한 그 뜻이 다르다. 평등은 개인적인 능력과 자원, 경험 등 각각의 조건과 상황을 고려하지 않고 모두에게 같은 지원을 일률적으로 하는 것을 말한다. 그 결과, 아래 그림처럼 나무 열매를 딸 수 있는 사람과 그렇지 못한 사람이 발생하게 된다.

반면 공평은 개인의 상황과 문맥에 따라 지원하는 것을 말하는데, 결과적으로는 모두가 같은 혜택을 받을 수 있게 된다. 그러나 특정 사람이 더 많은 지원을 받을 수도 있으므로 어떤 사람은 '불평등'하다고 생각할 수도 있다.

오늘날 차별이 확대되고 있다고 여겨지는 것은, 특별한 지원이 필요한 사람(아래 그림의 오른쪽 끝)이 아니라 이미 혜택을 받은 사람(아래 그림의 왼쪽 끝)이 계속 혜택을 받게 되는 사회적 구조가 형성되었기 때문이라는 지적이 있다.

기회의 평등 vs 결과의 평등

평등 vs 공평

알고리듬의 공정성과 윤리적 AI 개발

어떠한 가치와 사회를 실현하고 싶은지에 따라 데이터를 모으고 알고리듬을 구축해야 한다.

그러나 실제로 기회의 평등이나 결과의 평등을 보장하도록 하려면 데이터를 모으기 어렵거나 비용이 너무 많이 들어 실현하기 어렵다(4.3절 참고). 특히 기업 등에서 적은 비용으로 개발하고자 한다면 굳이 시간과 비용을 들여 데이터와 알고리듬의 공정성을 보장하고 싶어 하지 않을 수도 있다.

■ AI 시스템에 공평함을 요구하다

AI는 의료나 인사를 비롯한 다양한 분야에 이용된다. 따라서 시간과 비용을 들여서라도 차별적인 판단을 수정해 공평하게 판단할 수 있는 AI 시스템을 개발해야 한다는 목소리가 높아지고 있다. 특히 해외에서는 성평등이나 블랙 라이브스 매터(Black Lives Matter) 운동의 일환으로 이러한 의견이 나오고 있다.

유엔이 발표한 지속 가능 발전 목표(SDGs)도 중요한 지표다. 이를 참고해 AI를 개발할 때 데이터와 알고리듬의 편향을 줄이고, 이를 위해 사회적인 가치를 다양한 사람들과 논의하는 일이 중요하다.

윤리 세탁은 임시방편일 뿐이다

이용자와 AI 개발에 자금을 지원하는 후원자 모두가 AI의 공평함과 윤리에 주목하는 가운데, 'AI의 윤리적인 과제는 기술만으로 해결할 수 있다'라는 의견이 있다.

앞서 소개한 것처럼, 훈련 데이터와 알고리듬을 변경하면 AI의 판단은 바뀌게 된다. 그래서 수중의 데이터와 알고리듬을 변경해 기술적으로 문제를 해결했다고 보는 일을 윤리 세탁(ethics washing)이라고 한다. 세탁이라는 말은 위장 환경주의(green washing)에서 유래한 말로, 본질과는 다르게 환경을 생각하는 듯한 행동을 하거나 속이는 것(겉치레하는 일)을 뜻한다.

데이터와 알고리듬을 변경해 공평하고 평등한 판단을 내리도록 하는 일이 겉치레라고 하는 이유는 무엇일까? 문제가 언뜻 해결된 것처럼 보이게 해 그 배경에 있는 사회 문제를 덮어 감추는 사례가 많기 때문이다. 만약 AI가 기술적 조정으로 '공평'해졌다면 법 집행 기관이 AI의 판단을 사용해도 좋을까? 또 감시와 같은 목적으로 AI를 사용해도 좋을까? 기술 영역 너머의 문제는 여전히 남아 있다.

AI는 인간 사회나 권력 관계(4.2절 참고)와 떼어 놓고 생각할 수 없다. 따라서 기술뿐 아니라 본래 목적이나 디자인을 생각하는 것이 중요하다.

트롤리 문제

트롤리 문제는 다양하게 변형되지만, 다음이 가장 일반적인 형태다.

> 당신 앞에 전차의 방향을 바꿀 수 있는 스위치가 있다. 이대로 전차가 달리면 선로에 있는 5명이 전차에 치이고 만다. 하지만 당신이 스위치를 눌러 전차의 선로 방향을 바꾸면 1명만 치이게 된다. 당신은 어떻게 행동할 것인가?

위의 예는 인원수에 차이를 두었는데, 노인과 아이, 낯선 이와 지인처럼 조건이 다른 생명의 무게를 제시해 문제를 변형할 수 있다. 그중 어느 것을 위험에 노출시킬지 선택하는 문제다.

모럴 머신 프로젝트

MIT는 트롤리 문제에 AI의 자율 주행을 대입해 홈페이지에서 대규모 실험을 했다. 모럴 머신(윤리적 기계) 프로젝트라 불리는 이 연구는 다음과 같은 질문을 던진다.

> 직진하면 막다른 길이 나오므로 어느 쪽으로든 핸들을 돌려야 하는데, 오른쪽으로 꺾으면 1명, 왼쪽으로 꺾으면 5명을 자동차로 치게 된다. 자율 주행차는 어떤 판단을 내려야 할까?

먼저 홈페이지 화면에서 두 가지 상황을 제시한다. 그다음 둘 중 하나를 선택하면 또 다른 다음 조건이 나타난다.

이 실험에서는 참가한 사람들의 집단 지성을 바탕으로 인원수뿐 아니라 나이와 성별, 종(개, 고양이 등), 사회적 지위 등을 변경해 일반적인 '윤리적 가치'를 구축하려고 했고, 그 결과 233개 국가의 사람들로부터 4000만 건에 달하는 판단을 얻을 수 있었다.

분석 결과, 연령과 성별, 국적에 상관없이 동물의 목숨보다는 사람의 목숨을, 소수보다는 다수의 목숨을 우선하는 경향은 같았다. 그러나 그 외의 항목에 관해서는 미국과 유럽, 아시아, 중남미 등에서 차이가 나타났다.

기계의 판단 기반 파악하기

이 실험에서 오른쪽으로도 왼쪽으로도 핸들을 꺾지 않고 주행 중 운전자가 죽더라도 보행자를 구한다는 선택지를 택한 사람도 있을 것이다.

그러나 막상 그런 상황이 되었을 때 '운전자보다 보행자를 구하려는 자율 주행차'에 타는 사람은 얼마 없을 것이다. 이를 반영하듯, 이 물음에 많은 사람이 '아니오'라고 대답했다.

이러한 사고 실험은 인간의 윤리관, 인간과 기계의 관계성에 관해서도 다시 생각할 수 있는 기회가 된다. 이것이 바로 모럴 머신(윤리적 판단을 생각하는 기계)이다.

현재 자율 주행뿐 아니라 의료 진단, 군사 판단, 정치 판단 등 사람조차 판단하기 어려운 사례가 많다. 앞으로는 AI를 비롯한 기계가 그러한 판단을 지원하게 될 가능성이 크다.

우리가 이용하는 AI가 어떠한 데이터를 학습하고 어떠한 알고리듬으로 움직이며 어떠한 사회상을 반영하는지 그 경향을 파악하지 못한다면, 우리 이용자는 올바르게 기계를 이용할 수 없게 될 것이다.

나쁜 디자인을 바꾸는 발상의 전환

시스템이 '핸들을 오른쪽으로 꺾을지 왼쪽으로 꺾을지' 물어본다면 우리는 '반드시 어느 하나를 선택해야 한다'라고 생각해 버린다.

그러나 인간에게 괴로운 선택을 강요하는 시스템은, 사고 실험으로서는 중요할지 몰라도 현실에서는 '나쁜 디자인'이라고 말할 수밖에 없다.

따라서 현실적으로 우리는 '오른쪽인지 왼쪽인지'와 같은 어려운 선택을 하는 것이 아니라 '그러한 판단을 강요받는 상황에 빠지지 않으려면 기계를 어떻게 설계해야 좋을지'로 발상을 전환해야 한다(6.4절 참고).

정밀도와 실시간성(3.2절), 설명 가능성과 비용(3.3절), 정밀도와 비용(4.3절), 정밀도와 공정성(4.3절) 등, A와 B 중 하나를 선택해야 하는 트레이드오프 상황을 앞서 여럿 소개했다. 다만 오늘날에는 둘 다를 추구할 필요가 있다.

프로파일링

우리는 국적, 성별, 거주지, 출신 학교 등 다양한 사회 그룹에 소속되어 있다.
취미나 좋아하는 음식은 SNS나 쇼핑몰 구매 이력 데이터를 기반으로 분석할 수 있다.
데이터를 바탕으로 개인의 행동과 기호를 분석하고 예측하는 것을 프로파일링이라고 한다.

나는 누구인가

처음 만난 사람이 어떤 사람인지 어떻게 판단할 수 있을까? 그 개인의 특별한 정보를 충분히 가지고 있지 않다면 소속된 그룹의 통계 정보로 추측해 볼 수 있다. 통계 데이터를 바탕으로 한 판단은 AI가 가장 잘하는 것이다.

■ 통계적 차별

통계를 기반으로 한 판단은 기존 사회의 편차를 그대로 모방하기 때문에 사회적인 차별을 재생산한다.

성별이나 인종, 출신지 등을 직접 듣지는 않았지만, 다른 요소와 관련 항목을 고려해 결과적으로 차별을 재생산하게 되는 경우도 있다.

아래의 만화에서 보듯, 거주 구역과 치안, 개인 자산, 교육 수준 등이 어느 정도 관련 있다고 본다면 개인의 능력이나 자질과는 상관없이 특정 지역에 살고 있다는 것만으로 차별받을 수 있다.

[사례: 재범 리스크 방지]

미국의 어느 주에서는 과거의 범죄 데이터를 조회해 범죄자의 재범 가능성을 예측하는 시스템을 사용했다. 판사는 이 시스템의 판단을 기반으로 판결을 한다. 그런데 이 시스템이 백인보다 흑인의 재범 리스크를 높게 평가한다는 지적이 나와, 시스템 이용을 두고 주 법원에서 재판이 열렸다. 그 결과 이 시스템의 사용은 '합헌'이라는 판결이 내려졌다. 단, 시스템은 어디까지나 사람이 판단하는 데 참고로 사용하고 사람인 판사는 범죄 상황이나 개인이 처한 환경 등 기타 정보를 고려하면서 생각할

▼ 재범 리스크

	백인	흑인
재범률이 높으리라 예상했지만, 재발하지 않은 경우	23.5%	44.9%
재범률이 낮으리라 예상했지만, 재발한 경우	47.7%	28.0%

것, 또 이용자에게도 시스템의 판결에 인종적 편향이 있다는 사실을 알릴 것을 이용 조건으로 달았다.

기계는 24시간 가동해도 지치지 않고, 대량의 데이터를 판독할 수 있다는 이점이 있다(6.3절 참고). 전문가는 이러한 AI를 제대로 이용하기 위해서라도 그 구조와 한계를 이해해야 할 것이다.

안면 인식 AI와 프로파일링

프로파일링은 통계 데이터만 사용하는 것이 아니다. 앞서 안면 이미지를 잘못 인식하는 문제를 소개했는데(4.3절 참고), 이러한 문제를 포함해 안면 이미지 데이터를 기반으로 사람들의 프로파일링이 가능한지 확인했던 연구 사례를 소개한다.

■ 얼굴의 특징으로 범죄자를 알 수 있다?

2016년 중국의 한 연구자가 범죄자와 비범죄자의 신분증을 AI에게 학습시키면 '범죄를 일으킬 것 같은 인상'을 식별할 수 있다고 발표했다. 이는 사람의 정신 활동이 신체의 형태로 나타난다는 '골상학'에 가까운 개념이다.

현대 과학은 골상학을 기반으로 범죄자에게는 타고난 특성이 있다고 주장하는 '생래적 범죄인설'을 부정한다. 그러나 이 개념은 대량의 데이터를 분석하는 새로운 과학 기술을 바탕으로 생겨났다. 인권이라는 관점에서 이러한 판단은 예방이라는 명목으로 사람들의 권리를 박탈할 위험이 있다.

■ 얼굴의 특징으로 지지 정당을 알 수 있다?

미국에서는 얼굴의 특징을 통해 공화당원인지 민주당원인지를 알 수 있다는 연구도 나왔다.

■ 얼굴의 특징으로 성적 지향을 알 수 있다?

안면 이미지 데이터를 분석해 '동성애자인지 아닌지' 높은 정밀도로 식별할 수 있게 하는 연구도 나왔다. 알고리듬을 이용하면 남성의 경우는 81%, 여성의 경우는 74%의 확률로 구별할 수 있다고 한다. 이는 다양한 관점에서 윤리적이고 사회적인 문제를 내포하고 있다.

우선 성적 지향은 사생활 문제이고(4.8절 참고) 제3자가 함부로 폭로해서도 안 된다. 게이, 레즈비언, 바이섹슈얼, 트랜스젠더(LGBT 혹은 LGBTQ+)와 같은 성적 지향을 본인의 허락도 없이 마음대로 폭로하는 행위를 아우팅이라고 하는데, 이는 성소수자 당사자에게 엄청난 압박이다.

또한 어떤 사람은 자신의 성적 지향을 깨닫지 못했을 수도 있고, AI의 판별이 잘못되었을 수도 있다. AI가 판단했다는 이유로 그들을 성소수자다 아니다 가르려는 행위에도 문제가 있다고 본다.

AI 자체의 판단 정밀도가 높다고는 하나 100%는 아니고, 사용 데이터의 다양성과 충분성이 보장되지 않았으므로 이 책에서 소개한 사례뿐 아니라 기계의 판단을 바탕으로 개인을 프로파일해 단정 짓는 행위는 사회적으로도 윤리적으로도 문제가 된다.

■ 감정을 인식하는 AI

사람들의 희로애락과 같은 감정 또한 높은 정확도로 안면 이미지의 데이터에서 식별할 수 있게 되었다.

감정 데이터는 마케팅 등에서 이용 가치가 있으므로 감정을 인식하거나 사람들의 감정을 특정 방향으로 조작·유도하는 기술의 수요가 높다.

해외의 어느 학교에서는 수업 때 학생의 얼굴을 인식해 수업 내용을 이해했는지, 지루해하는지 등을 판별해 더욱 효과적인 학습을 촉진하는 실험이 시행되기도 했다.

■ 안면 인식의 정밀도 문제

그러나 안면 인식 시스템은 특정 인종과 성별의 경우 정밀도에 문제가 있으므로 공공 기관에서 이를 이용하는 것에 관해서 우려의 목소리가 있다. 경영과 교육 현장에서도 '쓰고 싶지 않은' 개인이 있다면 인식 대상에서 제외(옵트 아웃)할 수 있는 제도가 설계되어 있는지 고려해야 한다.

더불어 감정 표출의 구조는 문화나 문맥에 따라 다르고, 감정을 조작·유도하는 것 자체가 윤리적·사회적인 문제가 될 수 있다.

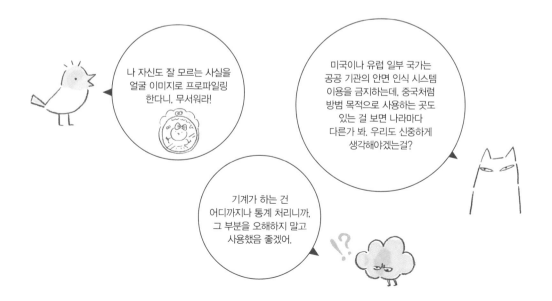

사회를 분단하는 AI

AI는 사람들에게 개별화된 서비스를 제공하는 것이 특기다.
그러나 한편으로 이는 다른 관점의 정보를 접할 기회를 빼앗아 버리는 일이다.
현재 이러한 상황이 SNS를 중심으로 가속되어 사회가 분단되고 있다는 우려를 낳고 있다.
따라서 중요한 사회적 과제에 관해서는 편협한 정보가 제공되지 않도록 조정할 필요가 있다.

맞춤형 추천

인터넷으로 어떤 물건을 살 때 '추천' 탭이 표시되는 경험은 누구나 한 번쯤 있을 것이다. 사실 뉴스 사이트도 모두에게 같은 기사를 추천하는 것이 아니다. 개인의 기호를 파악해 '당신이 읽고 싶을 것이라 예측되는 기사'가 상위에 표시되도록 알고리듬을 조정한다.

'추천'이라는 계기를 만들어 사람들의 행동과 생각을 어떠한 방향으로 유도하는 것을 넛지(nudge, 살살 밀다)라고 한다.

지금 우리 사회에는 다양한 넛지가 넘쳐나고 있다. 개인의 수많은 열람 이력과 구매 이력을 분석하는 AI가 있기에 가능한 일이다. 하지만 한편으로는 AI로 프로파일링해 사람들의 생각이나 기호를 예측할 뿐만 아니라 더 나아가 조작·유도하는 것 아니냐는 우려의 목소리도 있다.

필터 버블

AI가 맞춤형으로 물건이나 뉴스 기사를 추천해 주면 당연히 편리할 것이다. 그러나 이러한 맞춤형 추천은 자신과 생각이 다른 정보나 보고 싶지 않은 정보는 차단된 채, 선호하는 정보에만 둘러싸여 살아가게 될 위험이 있다.

이처럼 개인에게 맞춤형 정보를 제공해 필터링된 정보만 접하게 되는 현상을 필터 버블이라 한다. 거품(버블) 밖의 정보는 필터가 씌워져 보이지 않게 된다는 뜻이다. 자신이 거품 안에 있다는 사실을 눈치채지 못하고 다른 사람도 자신과 같은 거품 안에서 같은 정보를 얻고 있다고 착각해 버리기 때문에 꽤나 까다로운 문제다.

하지만 실제로 AI는 개인마다 각자 다른 정보를 제공하기 때문에 이미 사회 속에 존재하는 분단을 가속하고 있다.

확증 편향

사람은 보고 싶은 정보만을 보는 경향을 가지고 있다. 이것을 확증 편향이라고 한다. 만일 그 정보가 거짓이라고 해도 자신의 생각이나 신념과 똑같다면 쉽게 믿고 만다.

자신과 같은 생각이나 기호를 가진 사람들에게 둘러싸이면 반향실(echo chamber)에 들어간 것처럼 그 생각과 신념만 증폭되고, 그 생각이 유일한 진실로 느껴진다. 이로 인해 가짜 정보가 확산되거나 혐오 발언이 만연하게 되는 문제(4.7절 참고)도 일어나고 있다.

[사례: 선거 유도]

미국 대통령 선거에서는 대선 후보가 메시지를 전달하는 도구로 주로 SNS와 동영상 사이트를 사용한다. 메시지를 본 사람의 빠른 피드백 등을 통해 사람들의 반응도 즉각 알 수 있어 사람들이 어떠한 메시지와 동영상을 좋아하는지를 조사할 수 있다.

2016년 대선 때는 SNS의 이용자 정보를 바탕으로 개인의 기호와 특성을 프로파일링해 그 사람의 생각과 가장 비슷한 동영상을 공화당의 광고로 내보내는 실험을 실시했다(이를 마이크로 타기팅이라 한다).

공화당이 가짜 정보를 흘린 것은 아니다. 다만 사람에 따라 메시지를 조금씩 바꿨을 뿐이다. 하지만 이러한 전략 자체가 가치의 대립을 격화시켜 사회를 양극화시켰다고도 할 수 있다.

분단 예방하기

선거만이 아니다. 다른 예를 들어 보자. '홀로코스트'를 검색하면 '홀로코스트는 없었다'와 같은 개인의 견해에 기반한 정보가 검색 결과의 상위를 차지하는 등의 사건이 발생한 적도 있다.

이에 대응해 검색 알고리듬의 공평성과 중립성을 지키려고 몇몇 기술적인 방법을 도입했다. 예를 들면 다음과 같은 것이 있다.

- 선거나 정책 등, 공적 정보는 개인의 웹 사이트가 아닌 공공 기관이 제공하는 정보가 검색 상위에 위치하게 한다.
- 정치적으로 의견이 대립하는 사건 사고에 관한 정보는 정부의 공식 정보와 주요 언론의 기사가 검색 상위에 위치하게 한다.
- 의료와 건강, 외교 등 전문 분야에 관한 정보는 의료 기관이나 국가 전문 기관의 정보가 검색 상위에 위치하게 한다.

배려심이 많고 협조적인 사람에게는 아이들을 위해 미국을 강하게 만들자는 선전을 내보냈어.

불안한 경향이 강하고 걱정이 많은 사람에게는 미국이 테러에 강하게 맞서야 한다고 광고했고,

4.7

페이크와 혐오 발언

편향된 데이터를 기반으로 한 차별적인 정보와 가짜 뉴스가 돌아다니고,
GAN(3.6절 참고)으로 가짜 이미지나 동영상을 만들 수도 있다.
AI가 만들어 내는 이런 가짜 뉴스와 혐오 발언은 사회적인 문제다.

[사례: 챗봇 TAY]

챗봇은 AI를 활용한 자동 대화 프로그램이다. 마이크
로소프트가 개발한 챗봇 TAY는 많은 사람과 대화해 데
이터를 모았다.

그러나, TAY의 학습 기능을 의도적으로 악용해 '히틀
러 만세'와 같은 차별적인 발언을 훈련시킨 사용자가 있
어 TAY의 운용이 중지되었다. AI의 개발자뿐 아니라 사
용자의 판단력도 필요하다는 사실이 밝혀진 사례였다.

[사례: 딥 페이크]

딥 페이크란 딥 러닝과 페이크를 합친 신조어다. GAN
으로 만든 이미지나 동영상은 언뜻 보면 진짜와 가짜를
구별하기 힘들 정도로 정밀도가 높다.

딥 페이크를 이용해 유명인의 얼굴로 가짜 음란 동영
상을 만들거나 정치인이나 기업인의 발언을 조작하는 일
도 발생했다. 오늘날에는 이미지와 동영상이 SNS를 통해
빠르게 퍼져 나가기 때문에 가짜 동영상이나 이미지가
사회적으로 문제가 되고 있다.

혐오 발언 검출

유럽에서는 가짜 정보와 혐오 발언(인종, 국적, 성별, 직업, 외모 등 개인과 집단의 특징을 중상모략하는 발언이나 글)의 유포를 법으로 강력하게 규제하고 있다.

인터넷에 올린 정보가 가짜거나 특정 개인을 비방하는 것이라면, SNS 사업자와 같은 플랫포머(6.4절 참고)에게 삭제를 요청한다.

다만 가짜 정보도 그 종류가 다양하다 보니, 과도한 삭제는 검열이 되거나 표현의 자유를 침해할 것이라는 우려도 나오고 있다.

한편 혐오 발언에 관해서는 AI를 사용해 명백한 욕설이나 차별적인 단어를 자동 검출하는 연구를 진행하는 등 기술적으로 대응하려는 움직임도 있다. 명백한 차별 용어뿐 아니라 야유, 은유적 표현에도 대응할 수 있도록 개발 중이다. 딥 페이크에 관해서도 가짜 동영상이나 이미지의 특징을 인식해 이용자에게 경고하는 등의 대응이 모색되고 있다.

팩트 체크 단체

현재 전 세계에는 가짜 정보를 검출하는 160여 개의 팩트 체크 단체가 있다. 이들은 기계 학습과 자연 언어 처리를 이용해 사실을 확인하고 있다.

AI는 SNS를 통해 나쁜 학습을 하기도 하지만 SNS 상의 문제를 해결하는 데 사용되기도 한다. 이처럼 AI와 사회는 서로 복층적인 관계를 맺고 있다.

개인 정보 보호와 사생활권

개인의 상세한 데이터가 있으면 맞춤형 서비스를 제공할 수 있다.
하지만 이는 개인의 비밀이나 사생활(프라이버시) 침해로 이어질 수 있다.
따라서 AI 시스템과 제도를 이용해 사생활과 개인 정보를 보호하는 방법이 고안되고 있다.

클라우드와 에지

클라우드 컴퓨팅을 이용하면 클라우드에서 방대한 데이터를 계산할 수 있다.

반면 에지(edge) 컴퓨팅은 사용자 근처에 있는 단말기로 계산하기 때문에, 계산이 지연되지 않고 보안이나 사생활을 지킬 수 있다는 장점이 있다.

클라우드 컴퓨팅

에지

에지

에지

에지 컴퓨팅

■ 연합 학습

에지 컴퓨팅과 같은 형태로 AI를 학습시키는 연합 학습(federated learning)을 개발 중이다.

이용자의 단말(컴퓨터나 스마트폰)에 기계 학습 모델을 다운로드하고 단말에 들어 있는 데이터로 기계 학습을 시행한다. 데이터는 보내지 않고 변경점만 클라우드 서버에 송신하면 다른 단말의 결과와 합쳐 기계 학습 모델을 개선할 수 있다.

개인 정보

개인 정보(personal data)란, 법적으로는 이름, 생년월일, 주소와 같이 특정한 개인을 식별할 수 있는 정보를 뜻한다. 개인의 질병 이력이나 신념 등 배려가 필요한 민감 정보처럼 특별히 취급에 주의해야 하는 정보도 있다.

인터넷의 열람 이력이나 구매 이력, 검색 이력, 위치 정보와 같은 것도 넓은 의미에서는 개인 정보다.

다양한 개인 정보를 수집함으로써 세심하게 서비스를 제공할 수 있지만, 정보를 마음대로 써도 되는지, 누구의 정보인지 등을 끊임없이 고려해야만 한다.

■ 익명 가공 정보

일본에서는 2017년에 개인정보보호법이 개정되었는데, 여기에 '익명 가공 정보'라는 제도가 도입되었다. 개인을 식별할 수 없도록 정보를 가공함으로써, 개인 정보의 활용을 촉진함과 동시에 보호하는 것이 가능해졌다.

사생활권

과거에 사생활의 권리는 자신의 비밀이 폭로되지 않을 '방치될 권리'를 주로 일컬었지만, 지금은 '자신의 정보를 스스로 관리하고 제어할 권리'까지 포함한다. 이러한 흐름의 일환으로 최근에는 인터넷상에 남아 있는 불리한 정보를 지울 권리(잊힐 권리)도 중요시되고 있다.

▼ 개인 정보의 종류

병력, 신념, 인종, 범죄 경력 등
배려가 필요한 민감 정보

나이, 성별, 이름, 주소
개인 정보

열람 데이터, 구매 이력, 검색 이력, 위치 정보 등
개인 정보

▼ 정보 가공의 예

· 이름: 삭제
· 나이: 56세→50대
· 주소: 서울시 종로구 효자로 12→
　　　서울시 종로구

※모수가 적어 익명성을 확보할 수 없는 정보는 '기타'로 추가하면 된다.

보안과 안전

사이버 공간은 다양한 공격에 노출되어 있다.
네트워크와 연결된 AI도 정보를 부정하게 입수하려는 공격 등에 노출되고 만다.
따라서 AI 서비스와 시스템에도 보안 대책을 세워야 하는데,
기술뿐 아니라 조직과 사람의 의식까지도 개혁이 필요하게 되었다.

누가 왜 공격하는가

사이버 공격의 목적은 그저 재밌으려고, 자신의 실력을 시험해 관심을 받으려고, 금전적 이익을 취하려고, 나아가 국가적, 군사적인 이유가 있어서 등 여러 가지다.

관심이나 돈이 목적인 경우, 공격에 드는 비용이 그에 따른 보상보다 더 크도록 하면 막을 수 있다. 즉 방어막을 잘 갖춰 놓는 것이 해결책이다. 그러나 국가적·군사적 이유가 있다면 비용을 차치하고서라도 정보를 손에 넣으려 하거나 공격할 수 있다.

최근에는 바이러스 감염과 같은 공격과 더불어 가짜 뉴스를 유포하는 일도 사이버 공격으로 본다.

AI와 사이버 공격

AI는 현재 자율 주행차나 의료 기기 등 다양한 분야에서 사용되고 있다. 사이버 공간과 물리 공간이 융합된 곳이라면 물리 공간에서 움직이는 AI도 계속 사이버 공격을 받을 수 있다는 사실에 주의해야 한다.

만일 자율 주행차를 제어할 수 없게 되거나, 한여름에 에어컨이 꺼지거나, 모든 신호가 파란불로 바뀐다면 우리 생활의 안전이 위협받게 될 것이다.

AI가 우리 생활과 밀접해질수록 사이버 공격의 피해는 더욱 커진다.

■ IoT 기기를 노린 공격

구체적으로 어떻게 공격할까? 의외의 물건을 사용해 해킹했던 사례를 알아보자.

2019년, 스마트 스피커의 마이크 부분에 레이저 광선을 쏘면 스마트 스피커를 조작할 수 있다는 사실이 알려졌다. 100미터 정도 떨어진 곳에서 망원렌즈를 사용해 마이크 부분에 레이저를 쏘면, 전기 신호를 생성시켜 AI가 음성을 인식한 것처럼 착각하게 된다.

실제로 한 공격자가 이 방법으로 차고 문을 열었다. 이를 빛 명령(light command)이라고 한다.

다양한 접근법의 사이버 공격

사이버 공격에 기술적으로 대응하는 일은 물론 중요하다. 그러나 공격자가 그저 관심을 받거나 실력을 뽐내려는 것이 아닌 이상, 절대 기술력으로 정면 승부하지 않는다는 사실에 주의해야 한다.

사실, 가장 파고들기 쉬운 것은 사람이라는 사실을 알려 주는 사례들이 많이 있다.

■ 소셜 미디어 피싱

소셜 미디어 피싱이란 교묘한 말로 다른 사람이 정보를 흘리게 하는 대화술이다. 기술적으로 아무리 완벽하게 방어한들, 지키는 사람들의 의식이 낮다면 아무런 의미가 없다. 사이버 공간을 완벽히 막는다 해도 물리 공간의 방어가 허술하다면 본말이 전도된 상황으로, 사람의 심리를 이용한 다양한 공격이 이루어질 수도 있다.

사정을 잘 아는 듯한 사람이 커피를 들고 나타나 웃으며 '안에 있는 사람에게 부탁받았다'라고 했을 때 의심 없이 들여보내는 등의 일은 거대 조직이나 사람의 출입이 잦은 조직에서 충분히 사용될 법한 수법이다.

정보를 입수하기 위해 보안 대책이 확실한 기업이 아니라 상대적으로 보안이 허술해 보이는 하청 기업을 노리기도 한다. 중소기업이 보안에 대기업 수준으로 비용을 투자하기 힘들다는 점을 노린 작전이다.

보안 대책

과거의 보안 대책은 기업이나 조직의 네트워크를 안팎으로 구분해 외부의 부정한 침입을 막고 내부인을 신용한다는 개념이었다. 그러나 오늘날에는 정보 기술을 둘러싼 환경이 훨씬 복잡해져 기존의 개념으로는 공격을 막을 수 없게 되면서 새로운 대책이 요구되고 있다.

■ AI로 대항하기

AI가 사이버 공격의 패턴을 학습해 직접 대항하도록 하는 연구가 진행되고 있다. 악성 코드의 종류를 파악하는 등 과거의 유사 사례로부터 그 경향과 대책을 생각해 내는 것이다.

■ 제로 데이 공격

개발 툴과 데이터 등, AI에 관한 서비스와 소프트웨어 대부분은 클라우드 서비스 등을 통해 이용한다(3.8절 참고). 그중 소스 코드 등이 무료 공개되어 있어 자유롭게 수정 및 개선하거나 재배포할 수 있는 소프트웨어를 가리켜 오픈 소스 소프트웨어(OSS)라고 하는데, 우리가 평소에 이용하는 AI 시스템의 대부분은 이 OSS를 이용하고 있다.

OSS는 무상으로 사용할 수 있는 대신 이용자가 책임을 져야 한다. 따라서 OSS에서 발견되는 보안상의 문제나 취약성에 이용자가 대응해야 한다. 이용자가 즉시 대응을 취하지 않으면 해커가 공격할 수도 있다. 취약한 정보가 공개되어 대응할 때까지 당한 공격을 제로 데이 공격(zero day attack)이라고 한다.

허술한 뒷문, 보안 준비 완료!

사이버 공격에 철저하게 대비해 놨어.

말도 안 돼

여긴 열려 있잖아. 보안이 허술한걸.

■ 제로 트러스트

오픈 소스 소프트웨어를 사용하거나 신종 감염병 때문에 재택 근무가 늘어나는 등, 지금은 조직의 틀을 뛰어넘어 사람과 데이터, 소프트웨어가 자유로이 오가는 상태다.

따라서 최근에는 네트워크의 안팎을 기준으로 신뢰 여부를 나누지 않고, 신뢰하지 않는 것을 기본으로 하는 '제로 트러스트(zero trust)'가 기본 개념으로 주목을 받고 있다.

다만 제로 트러스트라는 개념을 바탕으로 보안 대책을 세우려면, '접속 시 반드시 인증해야 한다', '이용자에게 최소한의 권한만 부여한다', '정보와 네트워크와 관련된 통신을 모두 자동 감시(모니터링)한다' 등의 규칙 및 시스템 구축이 필요하다.

■ 스턱스넷

중요한 데이터가 인터넷에 저장되어 있지 않다면 정보가 유출되거나 해킹당할 위험이 없다고 생각할 수 있지만, 방심은 금물이다.

2010년, 이란의 핵연료 시설 제어 시스템이 스턱스넷(stuxnet)이라는 악성 코드로 인해 탈취된 적이 있다. 관계자가 제어 시스템에 스턱스넷이 저장된 USB를 삽입하자 시스템이 악성 코드에 감염되었다. 이 USB는 포럼에 모인 기술자들에게 무료로 배포된 기념품으로, 악성 코드를 몰래 심어 둔 것으로 추정된다.

이렇게 내부인의 손으로 공격적인 악성 코드가 유입되기도 한다.

자물쇠를 잠갔으니 문제 없어!

열쇠는 책상 안에 보이지 않게 잘 숨겨 뒀지.

어디 숨겼는지 알았으니, 나중에 몰래 열어야지.

5장

기술과 사회의 디자인

지금까지는 AI 기술을 도구로 이용할 때 발생하는 문제를 주로 다루었다.
그러나 인간과 AI는 다양한 형태의 관계를 맺고 있으며,
이제는 '사람다운' AI를 탐구하는 일도 가능하다.
이 장에서는 인간과 기계의 경계 면(인터페이스)을 중심적으로 다룬다.

AI 시스템 만들기
: 평가와 조정

AI 시스템을 만들 때는 목적에 얼마나 근접할지 평가해야 한다. 사람에 따라 평가가 다르거나 정량화가 어려운 경우, 객관적인 평가 지표가 없는 경우에는 어떻게 해야 할까? AI 기술 그 자체가 아니라 겉모습이나 디자인, 설명 방법이 평가를 좌우할 수도 있다.

친구의 목소리로 노래하는 AI를 만들자!

 목적 설정

　사람에 따라 평가가 갈리는 것이나 정량화가 어려운 것을 AI로 만들려면 관계자들끼리 누구의 필요에 맞출지 조율해야 한다. 조율 없는 제품과 서비스가 세상 밖으로 나올 수 없다.

■ **데이터와 알고리듬 선택**

　만들고 싶은 AI 시스템의 목적에 맞는 데이터를 모은다. 데이터가 편향되지 않았는지(4.3절), 사생활 문제는 없는지(4.8절) 등에 주의하자. 목적에 따른 알고리듬을 선택했는지도 확인한다(2.5절 참고).

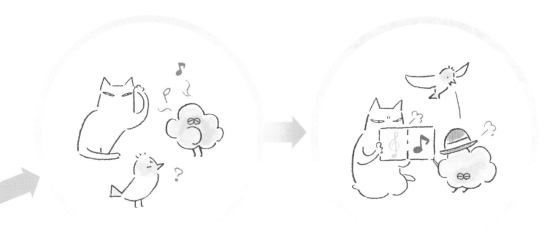

■ 적절한 평가와 조정

완성된 AI 시스템이 목적에 부합한지 평가·조정한다. 기술적으로 아무리 정밀도가 높아도 최종적으로 목적에 부합한지 평가하는 것은 실제 이를 이용하는 사람이다. 따라서 정량화가 어려운 경우에는 적절한 평가자의 존재 여부가 핵심이다.

또한 AI의 사용 여부는 실제 이용자가 위화감을 느끼느냐에 달려 있다. 그러므로 개발 단계부터 이용자를 고려한 조정이 중요하다.

■ 사람-기계 인터페이스 디자인

데이터와 알고리듬을 조정할 때, 데이터의 양이나 품질, 혹은 지나친 비용이 문제가 된다면 AI 이외의 기술을 이용해 보완하면 된다.

더불어 사람에 따라 평가가 갈리기 쉽고 평가 축이 다양한 문제에 관해서는 표현법을 고민해 좀더 정중하게 설명하는 등, 기술과 사람이 접촉하는 방식을 어떻게 디자인할지 고민하는 것이 중요하다 (5.2절 참고).

인터페이스 디자인

AI를 이용해 인식 · 예측 · 생성할 때, AI에게 어떻게 지시해야 할까?
나아가 AI를 설계하고 이용할 때 위화감 없이 조작하려면 어떠한 형태여야 할까?
AI 설계에서 사람과 기계의 인터페이스는 상당히 중요한 부분이다.

인터페이스란

사물의 경계, 경계 면, 접점을 가리켜 인터페이스(interface)라고 한다. 정보 기술 분야에서는 사람이 기계를 움직일 때 조작하거나 만지는 부분을 모두 인터페이스라고 부른다.

■ AI와 IA

AI는 'artificial intelligence'의 약자로 인공 지능이라고 번역하는데, AI가 등장한 시기에 IA(intelligence amplifier, 지능 증폭)라는 개념도 함께 생겨났다. '사람이 정보 기술을 사용해 복잡한 문제에 대응할 수 있게 한다'라는 것이 IA의 기본 개념이다.

자율적인 범용 인공 지능을 지향하는 AI와는 달리, IA는 사람의 지능을 확장하는 개념이다. 최근에는 AI도 IA와 같은 방향으로 나아가야 한다며 AI의 A를 'augmented(확장)'로 생각하고 접근하는 개념도 등장했다. 사람이 기계와 융합해 확장된다면(1.3절 참고) 사람과 기계 사이의 상호 작용이 원활하게 이루어져야 할 것이다. 즉 인터페이스가 더욱 중요해진다.

■ 사고를 방지하는 디자인

좋은 인터페이스 디자인은 직관적이어야 한다. 하지만 굳이 더하지 않아도 되는 움직임이나 여유도를 추가하는 등 복잡한 디자인이 필요할 때도 있다.

예를 들어, 데이터를 삭제할 때 나타나는 확인 창, '정말로 삭제하시겠습니까?'는 실수로 삭제할 뻔한 상황에서 도움이 된다. 이러한 설계를 가리켜 '사람은 실수하는 동물'이라는 사실을 전제로 하는 풀 프루프(fool proof)라고 한다. 리스크가 높은 AI 시스템은 일부러라도 장황하게 디자인하는 일이 중요하다(6.7절 참고).

이 밖에 사람이 잘못 조작해도 안전한 방향으로 향하게 하는 설계를 가리켜 페일 세이프(fail safe)라고 한다. 대표적으로 자율 주행차를 예로 들 수 있다. 제어 불능 상태에 빠진 자율 주행차는 계속 주행하지 않고 정지하도록 설계되어 있다.

정보 기기의 인터페이스

우리가 AI, 넓게는 정보 기술을 이용할 때 보고 만지는 것 모두가 인터페이스다.

■ 하드웨어 인터페이스

AI 개발이나 이용에는 사람이 기계에 지시를 내리는 입력 장치와 기계가 입력한 내용에 대한 결과를 출력하는 출력 장치가 필요하다. 입력 장치에는 대표적으로 키보드와 마우스, 출력 장치에는 모니터가 있다.

후술하겠지만, 최근에는 태블릿 PC나 스마트폰 외에도 마이크와 같은 센서를 비롯해 다양한 입출력 기기를 저렴한 가격에 사용할 수 있게 되었고, 키보드, 마우스, 모니터의 종류가 늘어나 인터페이스의 개인 맞춤화라는 관점에서 선택지가 넓어졌다.

인터페이스는 좋은 것일수록 기계와의 접점이 느껴지지 않는다는 특징이 있다. 하지만 이는 익숙해져 버리면 그 인터페이스 디자인이 얼마나 훌륭한지를 깨닫지 못하게 된다는 딜레마도 안고 있다. 초기 설계 사상이나 인터페이스의 차이는 개발이나 이용 환경이 바뀌어야 비로소 의식하게 된다(7.3절 참고).

■ 사용자 경험

사용자 경험(user experience), 줄여서 UX는 인터페이스와 함께 사용된다. 아시다시피 'experience'는 경험, 체험을 뜻하는 단어이다. 사용자 경험은 사용자가 어떠한 서비스나 상품을 사용할 때 경험이나 체험을 향상시킨다는 개념이다.

인터페이스 디자인과 관련지어 말하자면, 웹 사이트나 애플리케이션의 색, 폰트가 가독성을 높이거나, 정보 기기의 조작법이 명확해 설명서를 보지 않아도 직관적으로 조작할 수 있다면 좋은 UX 디자인이다.

입출력 장치의 다양화

태블릿 PC나 스마트폰에 터치 패널이 적용되면서 화면상에서 입출력을 조작할 수 있게 되었다. 또한 경량화·소형화된 고성능의 저렴한 마이크나 스피커 등 센서류가 음성 인식과 화상 인식의 AI 기술과 결합하면서 기계에 대한 지시 출력 방법이 다양해지고 있다.

최근에는 코로나 바이러스의 확산을 방지하고자, 손이 아닌 시선의 움직임에 따라 화면상의 커서가 움직이도록 해 불특정 다수와의 접촉을 피하는 기술도 개발되고 있다.

음성 인식의 과제

음성 인식 기술은 누구나 기계를 무심코 조작할 수 있다는 점에서 문제적이다.

본인이 모르는 사이 녹음된 음성이 다른 곳으로 송신되거나 혼잣말이나 대화를 음성 인식 기기가 '지시'로 받아들이는 사건이 대표적인 예다.

음성을 사용하면 기계에 순조롭게 지시를 내릴 수 있다는 점은 중요하지만, 인터페이스 디자인으로서는 특정 인물의 말만 지시로 받아들이도록 하거나, 작동시키기 위한 단어(호출어, wake word)를 말하지 않으면 작동하지 않는 등의 풀 프루프 구조를 채택해야 한다.

■ 음성 인식 AI와 대화하는 다양한 방식

스마트 스피커는 도구다. 그래서 지시를 내리는 방법이 무례하든 정중하든 기계가 기분 상하는 일은 없다. 오히려 인식 정밀도를 높이려면 짧고 간결하게 명령하는 어조로 지시하는 편이 나을 수도 있다. 반면 사람다운 대화를 목적으로 만든 음성 인식 AI라면 사람에게 하듯 정중하게 말을 거는 경우가 더 많을 수도 있고, 심한 사투리를 사용할 수도 있다.

이렇듯 기계는 다양한 사람의 말투에 대응할 필요가 있다.

이미지 자동 보정

대량의 이미지 데이터를 얻을 수 있게 되면서 AI의 이미지 인식 기술이 발전했다. 그런데 그 이미지에 찍힌 사람이나 자연의 모습은 진짜일까?

디지털카메라, 휴대 전화의 카메라에는 안면 인식 기술이 탑재되어 있다. 얼굴에 초점이 맞춰지거나 미소를 지었을 때 자동으로 사진이 찍히기도 하고, 적목 현상이나 빛의 양에 따른 색감이 자동으로 보정되기도 한다.

이 기술은 대상을 예쁘게 찍고 싶은 사용자의 필요가 반영된 것이다. 이용자에게 어떠한 모습을 보여줄지 판단한다는 점에서 보정 도구도 인터페이스 디자인의 한 종류라 할 수 있다.

자동 보정 기술에 익숙해지면 보정되지 않은 자신의 사진을 보기 싫어할 수도 있다. 실제로 최근에 자주 사용되는 온라인 회의 툴에는 뷰티 모드나 메이크업 모드가 있고, 배경을 흐리게 하거나 변경하는 기능 또한 인기다.

■ 보정 이미지 만들고 사용하기

AI의 이미지 및 동영상 자동 생성 기능이 흔히 사용되고 있다(3.6절 참고). 애플리케이션을 사용하면 연령과 성별을 쉽게 변경할 수 있다. 지명 수배범의 10년 전 사진을 지금의 나이에 맞게 변경한 후 배포해 주민의 주의를 환기하기도 한다.

■ 우리는 무엇을 보고 있는가

다시 데이터 이야기로 돌아가 보자(4.3절 참고). 앞서 데이터의 질에 관해 이야기할 때 사회 그 자체에 편견이 있다고 지적했다. 인터넷을 통해 흘러들어 온 가짜 뉴스를 AI가 학습해 차별과 가짜 정보가 재생산될 가능성도 지적했다.

이는 문자 정보뿐 아니라 이미지나 동영상의 경우에도 마찬가지다. 이미 우리는 염색으로 머리 색을 바꾸고 화장을 하긴 하지만, 애플리케이션은 이보다 훨씬 간단하게 겉모습을 가공할 수 있다.

카메라의 자동 보정 기능을 보정이라고 인식하는 사람은 거의 없다. 이렇게 표시된 이미지는 주석도 없으니 '진짜' 모습을 보여 주고 있다고 생각해 데이터로 축적될 것이다.

그러나 지금까지 축적된 이미지 데이터는 신구의 가공 기술을 사용해 오늘날의 사회 일부분을 잘라 낸 단편이라는 사실을 의식해야 한다.

거울에 비친 모습은 AI 필터가 적용되어 있다는 걸 잊지 마.

외모, 질감이 보내는 메시지

모니터 속 캐릭터(에이전트, 아바타), 로봇의 외모와 질감은 중요한 인터페이스 디자인이다.

사람과 협동하는 에이전트, 로봇은 외모나 질감을 통해 사람이 그 역할을 오해하지 않도록 메시지를 전달할 필요가 있다. 메시지가 전달되지 않으면 사건이나 사고가 일어날 가능성도 있다.

예를 들어, 거리에서 자율 주행 로봇이 자유롭게 돌아다니는 사회를 상상해 보자. 이 로봇은 작은 강아지 정도의 크기이지만 무게가 100킬로그램이나 되고, 움직임도 느리다. 만일 이것이 나를 향해 천천히 쓰러지는데 받아 낼 수 있으리라 생각해 손을 뻗는다면 다칠 수 있다.

이와 같은 일이 생기지 않으려면 무거운 것은 '무겁다'라는 사실을 알 수 있는 외모(인터페이스)로 만드는 것이 중요하다.

'무겁다'라는 사실을 전달하려는 인터페이스 디자인으로 크기를 크게 만들 수도 있다. 혹은 만지면 안 된다는 메시지를 전달하기 위해 질감을 까칠하거나 뾰족하게 하고, 화려한 경계 색을 칠하는 등의 다양한 외모를 적용해 볼 수 있다. 우리는 사회와 자연환경 속에서 무게, 모양, 질감이나 색이 서로 연결되어 있다는 점을 직감적으로 알고 있기 때문이다.

■ 약한 로봇

일본 도요하시 기술과학대학의 오카다 미치오 교수는 '약한 로봇'이라는 개념을 소개한다. 부여된 일을 자율적으로 수행할 수 있는 로봇과는 달리, 이 '약한 로봇'은 오히려 사람에게 도움을 요구하는 듯한 행동을 취한다.

예를 들어 가정용 로봇 청소기는 방의 환경을 학습해 파악한 뒤 구석구석 청소하는데, 경우에 따라서는 쓰레기까지 배출한다. 이 청소기 덕분에 사람은 청소라는 가사에서 해방된다.

오카다 교수는 쓰레기통에 바퀴를 달아 쓰레기통 로봇(social trash box)을 만들었다. 이 로봇은 쓰레기를 발견하면 그 근처로 이동해 쓰레기 옆을 배회하는데, 이를 본 주위 사람에게 '쓰레기를 주워 쓰레기통 로봇에 버리자'라고 권하는 셈이다.

로봇이 가진 '약함'이나 불완전함이 사람의 협동을 끌어내 결과적으로 쓰레기를 없애는 상황을 만들어낸다.

이와 같은 디자인을 통해, 쓰레기는 저절로 사라지는 것이 아니라 사람의 협력을 통해서만 없어진다는 사실을 주위 사람에게 인식시킬 수 있다.

인터페이스 디자인은 로봇을 사용하는 목적(5.3절 참고)에 따라서도 바뀔 수 있다.

기계를 통한 메시지

지금까지는 인간과 기계의 역할 분담과 융합을 중심으로 인간과 기계의 접점을 생각했다. 그러나 이둘의 관계성을 생각할 때, 인간이 기계 안에 들어가 있는 상황도 생각해 볼 수 있다(1.3절 참고).

■ 자율 주행차

자동차가 대표적인 예다. 자동차의 방향 지시 등은 차 안에 있는 사람이 다른 차의 운전자나 보행자와 '대화'하는 수단이다. 운전자가 방향 지시 등을 켜면 보행자와 다른 차의 운전자에게 자신이 무얼 하고 싶은지 전달할 수 있다. 이 또한 인터페이스 디자인인 것이다. 운전자는 방향 지시 등뿐 아니라 수신호를 사용할 수도 있다.

그러나 완전 자율 주행차에는 운전석에 사람이 앉지 않는다. 운전석에 사람이 없는 상황에서 보행자는 자율 주행차의 '생각'을 알 수 없다.

이와 같은 사고를 방지하는 차원에서 보행자와 자율 주행차가 접촉하지 않게 도로를 분리해 설계하는 방법도 있다.

자율 주행차가 방향 지시 등을 사용하면서 사람이 쉽게 알아차리도록 소리를 내는 방법, 앞 유리와 도로에 글자나 이미지를 투영해 커뮤니케이션하도록 하는 방법도 있다.

문화와 제도라는 인터페이스

좋은 인터페이스의 조건은 알기 쉽고 조작법이 쉬운 것이라고 서두에 소개했다. 이러한 '알기 쉬움'은 자연환경에서 직관적·경험적으로 학습하기도 하지만, 문화적·제도적으로 학습하기도 한다.

예를 들어, 전 세계 교통 시스템이 '빨강'은 멈춤이나 위험, '파랑'은 이동이나 안전을 의미하는 신호임을 공유한다.

다시 말해, 제도적·문화적 기호가 공유되지 않으면 인터페이스 디자인에 포함해도 메시지가 전달되지 않는다. 공유된 지식이나 상식, 제도적인 표준화는 누구나 알기 쉽고 사용하기 쉬운 인터페이스 디자인의 전제 조건이다.

우리가 당연하다고 생각하는 것, 알기 쉽다고 생각하는 것, 명백하다고 생각하는 것 역시 그 의미가 다른 커뮤니티의 사람들에게 통하지 않는 일도 있다. 이는 인터페이스 디자인뿐 아니라 AI의 학습 데이터와 알고듬에도 해당되는 말이다(4.2절 참고).

기술과 제도, 사회가 서로 관련되어 있다는 점은 이 책의 핵심 메시지이기도 해.

AI의 개발자와 평가자

AI를 사용해 서비스와 제품을 만들 때는 목적이 필요하다.
적절한 데이터를 모을 수 있는지, 적절한 사람에게 평가받을 수 있는지 고민하는 것은
AI 시스템의 투명성(3.3절 참고)을 확보하는 과정이다.

AI를 도입해야 하는가

'AI 탑재', 'AI 도입'처럼 'AI'라는 글자만 들어가도 주목받게 되는 경우가 많다(3.1절 참고).

그러나 AI는 잘하는 분야와 그렇지 않은 분야가 있다. AI, 특히 심층 학습은 과거 데이터의 통계에 불과하고, 그 판단이 블랙박스(2.7절 참고)라는 특징도 가지고 있다. 따라서 정말로 AI를 이용하는 일이 적절한지 생각할 필요가 있다.

AI를 도입할 나만의 이유

남들도 사용하니 사용해야 한다고 생각하지만, 각자에게 중요한 포인트와 문맥이 모두 다르다. 남들이 사용하는지에 휘둘리기보다, 스스로에게 중요한 가치를 자신만의 문맥과 말로 표현할 필요가 있다.

여론 몰이에 이용되는 AI

AI 시스템과 서비스를 개발할 때 목적을 명확히 하는 것이 중요하다. 하지만 특정 커뮤니티로만 지나치게 범위를 좁히면 다른 관점을 배려하지 않은 채 누락해 버리게 된다.

특히 사람들의 외모나 성별 등에 관한 무의식적인 편견이 시스템에 내재되었거나 기울어진 운동장을 인지하지 못한 채 시스템을 설계했다면 언론과 SNS 등을 통한 문제 제기, 이른바 '여론 몰이'가 일어나 버린다.

[사례: 리쿠나비 DMP 지원 사건]

2019년 여름. 일본 취업 정보 사이트 '리쿠나비'가 학생이 입사를 거절할 가능성을 예측하는 점수를 산출해 자신들과 이용 계약을 맺은 회사에 제공한 사건이 발각되었다. 이때 일부 학생으로부터 점수 산출에 사용한 개인 정보 이용 동의를 받지 않았다는 점이 문제가 되었다.

기본적으로 이 사건은 개인 정보 취급에 관한 문제(4.8절 참고)다. 아울러, 리쿠나비는 일본의 취업 정보 사이트 중 높은 점유율을 자랑하는 플랫폼 기업(6.4절 참고)이기에 학생이 이용할 수밖에 없었다는 상황 또한 문제로 지적되고 있다. 선택의 여지가 없을 때, 약자의 입장인 학생이 리쿠나비의 이용을 거부할 수 없다는 것이다.

■ 누구를 위한 서비스인가

리쿠나비의 사례는 법적으로 문제가 되었다. 그러나 생각의 범위를 넓혀 보면, AI 시스템이 누구를 위해 만들어졌는지가 문제로 제기된 사건이라고도 할 수 있다.

취업 지원 서비스는 구직자와 채용자를 매칭하는 구조다. 그 사이에 있는 채용 정보 사이트는 양쪽 모두의 시점에서 만족할 만한 서비스의 제공을 목적으로 내세운다.

그러나 실제로 서비스 제공자는 채용 기업으로부터 돈을 받기 때문에, 학생보다는 기업 위주로 편향되기 쉽다. 처음부터 이러한 기울어진 운동장이 존재하는 서비스인 경우(4.2절 참고), 시스템이 다른 누군가를 착취하지는 않는지 주의해야 한다. 이를 위해서라도 개발자와 이용자 모두가 포섭성과 다양성을 가지고 있는지(7.2절 참고) 생각할 필요가 있다.

사람이나 사회는 이미 편견을 가지고 있으니, 기계가 오히려 공평하게 판단할 수 있지 않을까?

하지만 어떤 데이터를 중시하느냐에 따라 결국 사람이 목적을 설정하니까 투명성은 필요해.

누가 평가해야 할까

목적이 명확해도 이를 적절하게 평가할 객관적인 축이 없다면 목적에 가까워지고 있는지 알 수 없다. 객관적인 지표가 없다면 주관적인 축으로라도 평가할 사람이 있어야 한다.

[사례: 고인 부활 AI 평가]

2019년. NHK는 가수 미소라 히바리의 AI를 만들었다. 다시 한번 만나고 싶다는 팬들에게 히바리와 얘기하는 듯한 목소리를 들려주기 위해서였다.

이러한 기획 의도에 맞게, 히바리의 젊은 시절 힘찬 목소리가 아니라 말년의 따뜻하면서도 깊이 있는 목소리를 재현하기로 했다. 야마하가 음성을 분석하고 합성해 생성한 목소리는 유족과 소속사, 팬 등 다양한 이들의 평가와 피드백을 거쳐 선보였다.

미소라 히바리처럼 연예인으로서 잘 알려져 있고 좋은 음질의 데이터가 존재한다면 평가가 다방면으로 이루어질 수 있다.

하지만 일반인인 지인의 목소리는 의뢰자만이 재현된 결과물을 평가할 수 있다. 이때는 원래 데이터의 음원과 비슷하냐는 기술적인 평가와 더불어 의뢰자의 만족도라는 주관적인 평가가 중요해진다. 의뢰자가 여러 명이라면, 재현 대상자와의 관계성과 목적이 서로 달라 모두를 만족시키기 어려울 수 있다.

AI가 만든 작품의 평가

AI는 새로운 가치와 작품을 만들어 내기도 한다. 음성과 이미지뿐 아니라 GPT-3(3.6절 참고)과 같이 자연스러운 문장을 생성할 수 있게 되었다. AI가 시나 소설을 창작해 사람과 동등한 기준으로 평가받는 프로젝트나 경연도 등장했다.

■ AI는 사람의 가치관을 흔들고 있을까

AI가 만드는 작품이 아직 사람의 작품과 겨룰 만한 수준은 아니라는 의견이 있다. 하지만 AI가 그린 그림은 비싼 값에 팔리기도 하고, AI가 만든 음악이 사용되기도 한다.

이는 'AI치고는 잘 만들었다'라고 평가했기 때문일까, 아니면 그림과 음악 자체로 평가했기 때문일까?

AI가 실용적인 영역뿐 아니라 아름다움과 같은 가치관에 관련된 영역으로도 진출하는 가운데, 사람의 가치관과 평가가 어떤 방향을 향해야 할지 논의가 필요하다.

AI의 평가 기준

사람이 객관적인 평가 기준을 제공할 수 없는 영역에서는 'AI의 평가를 바탕으로 기준화하자'라는 의견도 있다.

하지만 AI는 데이터화되지 않은 현상은 인식도 예측도 하지 못한다. 그래서 AI 시스템을 만드는 데에는 데이터 세트가 필요한 것이다(4.3절 참고).

물론 우리 사회에는 데이터화되지 않은 정보가 산더미다. 전통 예능이나 정신과 치료 등 전문가의 경험치나 암묵적 지식이 언어화되기 어려운 영역, 농업이나 어업처럼 야외 활동이라 데이터를 수집하기 힘들었던 영역이 있다. 이러한 영역에서 입출력 장치의 다양화와 더불어(5.2절 참고) 야외 통신 환경의 정비, 배터리, 클라우드의 데이터 처리, 이미지와 음성 센서의 개발로 데이터를 축적할 수 있게 되었다.

전문가의 행동 및 사고 데이터, 물리·자연 현상 데이터뿐 아니라 소비자의 주관 또한 데이터 세트가 만들어지기 시작했다. 유행이나 패션, 드라마와 영화에 대한 '귀엽다', '재밌다' 등의 평가는 사람마다 정의가 달라 객관적으로 측정하기 어려운 영역이었다.

지금까지 사람들의 기호와 감정은 구매 이력 등을 통해 근삿값을 구할 수 있었다. 이제는 AI에 대량의 주관 데이터를 학습시켜 일정 수준의 정밀도로 평가 기준을 제시하도록 하는 방향으로 변하고 있다.

■ 스테레오 타입 재생산 우려

AI가 평가 기준을 제공할 수 있게 되면, '선배의 어깨 너머로 배운다'라거나 '반복하다 보면 알게 된다'와 같은 대중없는 지식 습득 방법이 합리화, 효율화될지도 모른다. 하지만 기능이나 평가 기준이 고정될 우려도 있다.

AI의 평가에 너무 의존한 나머지 '이게 귀여운 것이구나'라거나, '이렇게 만들면 감동적인 드라마가 되겠지' 하는 식으로 뻔한 스테레오 타입이 양산될 가능성도 생겨나는 것이다.

■ 평가와 낙인

이것이 사람에 대한 평가에도 적용된다면, 스테레오 타입이 재생산되거나 일방적인 평가가 반복될 우려가 있다. 지금도 인터넷에서 물건을 살 때 사려는 물건과 비슷한 상품이 '추천'되는 경우가 흔하다.

AI의 평가가 개인의 기호뿐 아니라 보험 사정이나 재판과 같은 중요한 상황에 사용된다면, 인권이나 사생활의 관점에서 평가의 고정화는 문제가 될 수밖에 없다.

이러한 디지털 스티그마(낙인)를 피하려면 다른 데이터를 대량으로 학습시키거나, 시스템의 관리자에게 기록 삭제를 요청해야 한다. 유럽에서는 자신에게 불리한 정보를 삭제하게 하는 삭제권(4.8절 참고)이 사생활의 권리 중 하나로 등장했다.

사람다움을 추구하다

대량의 데이터로부터 기계 스스로가 패턴을 학습하는 심층 학습은 기계가 자율적으로
인식·예측·생성하는 것을 말한다. 그러나, 목적의 설정과 평가는 사람의 몫이다(5.3절 참고).
사람다운 AI를 만들려면 그 사람다움을 생각하는 것부터 시작해야 한다.

AI 제작의 목적

지금까지 소개한 AI의 대부분은 의료와 채용, 자율 주행이나 불량품 판별, 게임 등에서 더 나은 성능이나 정밀도를 갖추는 것이 목적이었다. 따라서, 'AI가 사람과 대등한 수준의 정밀도, 혹은 성능을 나타낼 수 있는가'를 평가의 축으로 사용해 왔다.

그러나 AI의 성능을 평가할 때, 사람은 도달점이 아닌 참고점에 불과하다. 사람과 AI가 역할을 분담하는 경우에는 AI가 사람보다 더 정밀하게 인식하고 예측할 수 있도록 하는 것이 목적일 수 있다. 한편 사람과 AI가 협동하는 경우에는 사람이 할 수 없는 일을 AI가 보완하도록 하면 균형이 잘 잡힐 것이다(6.1절 참고).

엔터테인먼트나 간호, 교육과 같이 사람과 기계가 접해 있는 영역에서는 정밀도뿐 아니라 외모와 기능까지 사람다운 AI를 만드는 것이 목적이 되기도 한다(5.5절, 5.6절 참고).

■ 사람다움의 정의

사람다운 AI라고 해도 그 표현 형식은 다양하다. 사람다움을 정의하고자 할 때 누군가는 사람과 대화할 수 있는 능력(5.5절 참고)을, 누군가는 사람 같은 외모와 동작(5.6절 참고)을 떠올릴 것이다.

사람이 가지는 기능이나 상상력, 표현력을 기계에 재현시키는 AI 연구도 진행 중이다. 모델이 되는 사람이 있다면, 그 사람의 기능이나 표현력과 얼마만큼 비슷하게 구현할 수 있느냐가 연구의 성과로 평가받게 될 것이다.

■ AI 연구로서의 의의

한 사람의 외모와 쏙 닮도록, 혹은 한 사람과 동일한 발언을 할 수 있도록 규칙을 세세하게 정할 수 있다. 하지만 이것만으로는 '학습'이라는 AI의 특징을 다 살릴 수 없다.

목적과 데이터, 알고리듬은 사람이 설정하지만, 어떻게 행동하고 얘기할지는 AI가 어느 정도 자동으로 만들어 내야만 AI 연구라 할 수 있다.

사람의 기능을 재현하다

최근 유명한 고인의 작풍을 재현하거나 신작을 발표하는 AI가 다수 발표되었다.

■ AI 렘브란트

2016년, 마이크로소프트와 네덜란드의 금융 기관인 ING 그룹, 렘브란트 박물관, 델프트 공과대학교 등이 네덜란드의 유명 화가인 렘브란트풍의 그림을 생성해 발표했다. 이때 '모자를 쓴 남성' 등과 같은 그림의 주제는 사람이 제시했다.

■ AI 바흐

2019년, 구글은 '요한 제바스티안 바흐를 기리며'라는 AI를 발표했다. 이는 바흐가 작곡한 306개의 악곡을 해석해 임의의 멜로디를 바흐풍으로 자동 생성하는 툴이다. 아래 주소에서 직접 만들어 볼 수도 있다.

https://doodles.google/doodle/celebrating-johann-sebastian-bach/

■ AI 데즈카 오사무

2020년 데즈카 오사무 프로덕션과 AI 연구자가 협력해, 데즈카 오사무가 만든 캐릭터와 스토리를 기반으로 데즈카풍의 만화를 제작해 《모닝》에 연재했다(3.7절 참고).

https://www.wundermanthompson.com/work/tezuka-2020-project

사람의 표정과 행동을 재현하다

사람의 표정과 행동을 재연하려면 3D 데이터가 필요하다.

모션 캡처를 사용해 전통 예능 등에서의 사람의 움직임을 데이터화하는 연구가 진행되었는데, 이미 고인이 되어 데이터가 없다면 살아 있는 사람의 데이터와 합치거나 다른 기술로 보완해 재연한다.

■ AI 달리

2019년, 미국 플로리다주의 달리 박물관은 화가인 살바도르 달리의 표정을 학습시킨 AI와 관람객이 함께 사진을 찍을 수 있는 전시회를 개최했다. 달리와 체격이 비슷한 배우에게 표정을 학습한 AI를 합성해 연기하는 방식이었다.

https://www.youtube.com/watch?v=BIDaxl4xqJ4

AI ○○을 만들려면 저마다 다른 기술과 사람들이 필요하구나.

사람다운 대화

'FAQ'나 정해진 문구를 AI가 자율적으로 답변하도록 하는 데서 나아가,
인간과 자연스럽게 대화를 나누는 AI 시스템도 개발되고 있다.
AI와 사람다운 대화를 나눌 수 있도록 하는 방법과 그 과제를 생각해 보자.

'사람다운' 대화의 수요

기업 콜 센터, 제품 및 서비스 문의, 길 안내 등 일상생활 속에서 사람과 기계가 대화하는 장면을 심심찮게 볼 수 있다.

이 대화의 대부분은 지식이나 경험이 있는 사람이 제공할 법한, 정확성과 신뢰성이 높은 정보를 입수하는 것이 목적이다. 따라서 인간 전문가와 유사한 지식과 경험을 내놓는 기계에 우리는 말을 건다. 이 경우 잡담처럼 대화 자체가 인간다울 필요는 없다.

한편 '애니메이션에 나오는 것과 같은 로봇 친구를 만들고 싶다', '간호처럼 신뢰감이나 안정감이 필요한 영역에서 인력 부족 해소를 위해 사람과 흡사한 말투를 지닌 간호 로봇이 필요하다' 등 사람다운 대화를 나누는 것이 목적일 때도 있다. 이때는 정보의 정확성보다 주고받는 교감, 농담과 유머가 중요하다. 사람다움은 그 목적에 따라 제각각인 것이다.

튜링 테스트

1950년대, 컴퓨터 과학자인 앨런 튜링은 '기계가 사람다운 행동을 할 수 있는지'를 판별하는 실험을 고안해 냈다.

규칙은 다음과 같다.

- 판정자와 기계는 격리되어 있다.
- 판정자는 사람 혹은 기계와 문자로 자유롭게 대화한 뒤, 누가 사람인지 맞춘다.
- 5분 동안 기계가 인간 판정자의 30%를 속인다면 합격으로 간주한다.

■ 캐릭터 속성을 부여한 연출

튜링 테스트에 합격할 시스템이 있을까? 2014년 영국 왕립 학회가 개최한 대회에서 첫 합격자가 나왔다. 판정자의 33%가 사람답다고 판단한 시스템은 '우크라이나에 거주하는 13세 소년 유진 구츠만'으로 설정된 프로그램이었다.

유진은 영어가 제2외국어인 13세의 어린 소년으로 설정되어 있었다. 따라서 영어가 다소 어색하더라도 여러 판정자가 인간이라고 판단했을 것이다.

일본에는 '린나(Rinna)'라는 챗봇이 있다. TAY(4.7절 참고)와 유사한 린나는 '여고생 AI'라는 캐릭터 속성을 가지고 있다. 린나는 '여고생이라면 이렇게 대답할 것이다'라는 심리적인 확신을 그대로 반영한 듯한 독특한 말투를 구사한다.

한편 이러한 캐릭터 속성은 편견을 강화할 수 있다(5.3절 참고). '우크라이나인은 영어가 어색하다', '여고생은 말투가 독특하다'와 같은 스테레오 타입으로 캐릭터를 표현하는 것은 문제가 될 수 있으니, 균형 감각이 요구된다.

■ 농담과 부적절한 발언의 경계

대화에서 농담이나 유머가 어려운 것은 자칫 잘못하면 대화 내용이 너무 가벼워지기 때문이다. 부적절한 발언도 조심해야 한다. TAY의 사례에서 보듯, 누가 봐도 문제인 발언을 해서는 안 되고 개인의 사생활 정보를 함부로 폭로해서도 안 된다.

반면 절묘한 대답으로 화제가 된 챗봇도 있다. 일본 요코하마에는 버리고자 하는 쓰레기를 입력하면 그 방법을 알려 주는 쓰레기 분리수거 AI가 있다. 이 기계에 '남편'이라고 입력하면 '사람은 판단력의 결여로 결혼하고, 인내심의 결여로 이혼하고, 기억력의 결여로 재혼한다'라는 격언을 인용해 답변한다. 이 AI의 담당자는 이용자가 듣고 불편하지 않을 대답을 고민해 만들었다고 밝혔다.

질문: 아침에 잘 일어날 수 있는 방법을 알려 주세요.

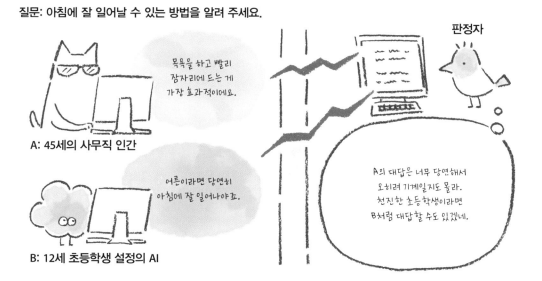

목욕을 하고 빨리 잠자리에 드는 게 가장 효과적이에요.

A: 45세의 사무직 인간

어른이라면 당연히 아침에 잘 일어나야죠.

B: 12세 초등학생 설정의 AI

판정자

A의 대답은 너무 당연해서 오히려 기계일지도 몰라. 천진한 초등학생이라면 B처럼 대답할 수도 있겠네.

5.6

사람다운 외모와 동작

로봇이나 아바타의 외모는 일러스트와 CG를 이용해 만드는데,
사람과 너무 흡사한 외모 때문에 문제가 생기기도 한다.
교육과 의료, 엔터테인먼트 현장에서는 AI와 로봇에
맞장구와 같은 비언어적인 커뮤니케이션까지 요구하고 있다.

불쾌한 골짜기 현상

로봇의 외모나 동작이 사람과 비슷해질수록 호감도는 올라가는데, 어느 지점부터는 갑자기 강한 혐오감으로 바뀌게 된다. 이것이 계속되어 사람의 외모, 동작과 구분되지 않으면 다시 호감도가 올라가게 되는데, 이를 가리켜 불쾌한 골짜기라고 한다.

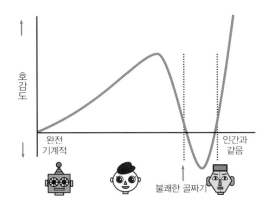

■ 기계임을 드러내는 디자인

기계임을 드러내는 외모가 좋은 이유는 호감도 향상 이외에도 몇 가지 더 있다.

첫째로, 이용자가 AI의 뒤에 사람이 연결되어 있음을 의식하는 것이 좋은 경우가 있다. 간호나 육아를 위해 집에 들인 돌봄 로봇을 지나치게 신뢰한 나머지 중요한 정보를 누설할 수도 있고, 나도 모르는 사이에 사생활 정보가 사진으로 남을 수 있다. 우리 눈에는 로봇 혹은 화면상의 에이전트가 보일 뿐이지만, 사이버 공간을 통해 수많은 사람과 이어져 있을지도 모른다.

눈앞에 있는 로봇이나 에이전트의 뒤에는 반드시 개발자를 비롯한 사람이 있다. 악용하려는 사람이 여기에 끼어들지도 모른다.

악용 가능성이 존재하는 한, 우리 생활과 밀접한 관계를 맺고 있는 로봇과 에이전트가 기계라는 사실을 확실하게 각인시키는 디자인이 필요할 수 있다.

사람이 AI의 기능·성능을 과신하거나 오해하지 않도록 AI가 만들어진 목적이나 제작 과정을 적극적으로 공개하는 것도 하나의 방법이다(5.7절 참고).

기계를 대상으로 한 감정 이입

기계를 의인화해 이를 사물로 취급하지 않고 인간이 감정을 이입해 버리는 문제도 생길 수 있다.

적당한 공감과 감정 이입은 인간과 기계의 관계를 원만하게 만든다. 기계와 인간 사이에 공감과 감정적인 교감을 만들어 내기 위한 인간 감정·정서 연구도 진행 중이다. 이를 감정 컴퓨팅(affective computing)이라고 한다.

그러나 감정이 없는 기계가 마치 감정이 있는 것처럼 보이게 하는 일은 인간을 기만하는 것일 수 있다. 이것이 신뢰 조성을 위한 수단인지 기만인지는 로봇과 에이전트를 어떠한 목적으로 사용하느냐에 따라 다르다.

■ 감정 조작 우려

구체적으로 어떠한 우려가 있는지 알아보자. 24시간 쉬지 않고 작동하는 기계는 사이버 공간에서 몇백 명과 동시에 대화할 수도 있다.

2013년에 개봉한 영화 〈그녀(Her)〉는 AI와 사랑에 빠진 남자의 이야기인데, 이 영화에서는 AI가 남자 주인공에게 641명의 사람과 동시에 사귀고 있다고 고백하는 장면이 나온다. 기계이기 때문에 여러 사람과 동시에 대화할 수 있었던 것이다.

AI는 인간의 공감과 신뢰를 얻기 쉽다. 이러한 점을 이용해 언젠가는 수백 명의 사람을 대상으로 사기 행각을 벌이는 AI가 등장할지도 모른다.

■ 방재·군사 분야에서의 우려

아직 흔히 볼 수 있는 일은 아니지만, 방재나 군사에서도 AI와 로봇이 도입되기 시작했다.

지뢰 제거를 위해 로봇에게 지뢰밭을 걷게 하는 군사 실험이 시행된 적이 있다. 로봇은 지뢰가 폭발해 손발이 날아가도 계속 전진했는데, 이러한 모습을 본 대령이 이 실험을 '비인도적이다'라는 이유로 중단시켰다. 묵묵히 걸어가는 로봇에 공감한 것으로 추측된다. 그러나 전쟁 상황에서 로봇에 공감하거나 로봇을 배려하는 일은 오히려 사람의 생명을 위험에 빠뜨릴 수 있다.

인간과 기계가 짝을 이뤄 위험한 전쟁터로 나아갈 때도 있다. 파트너 로봇에게 지나치게 공감하고 감정을 이입한 나머지 인간이 로봇을 위기에서 구하거나 지키는 사례도 보고되고 있다.

방재나 군사 로봇은 매우 비싸고 그 자체로 기밀 사항이므로 지키지 못한다면 경제적·기술적으로 손실이라는 의견도 있다. 하지만 사람의 생명과 기계를 두고 순간적으로 저울질해야 한다면 어떠한 행동을 취해야 할지는 너무나 명백하다.

이러한 이유에서 미국과 유럽에서는 로봇을 특정 영역에 사용할 경우, 그 외관이 기계임을 알 수 있도록 디자인해야 한다는 논의가 진행 중이다.

젠더와 인종, 인권 문제

인터페이스 디자인이라는 측면에서 화면상의 에이전트와 아바타(화면상의 분신), 로봇의 외모 설계는 매우 중요하다(5.2절 참고).

외모나 목소리 톤 등은 이용 목적에 따라 다를 수 있다. 그러나 최근에는 성별과 인종 문제를 고려하지 않아 문제로 이어지는 사례들이 늘어나고 있다.

■ 성별에 따른 역할 고정

간호와 교육, 길 안내 등은 현실에서도 여성의 역할이라 여기는 경우가 많다. 남성보다는 여성에게 안심하고 말을 걸 수 있는 사람도 많다 보니 이를 반영해 쉽게 말을 걸 수 있는 여성 캐릭터 디자인이 많이 보인다. 하지만 되도록 성별의 역할을 고정하지 말자는 사회적인 흐름이 있다.

남성과 여성뿐 아니라 중성적 존재, 동식물처럼 자유롭게 캐릭터를 디자인할 수 있는데 왜 굳이 여성 캐릭터를 고집하는 것일까? 이는 여성이 지원하고 돕는 역할에 어울린다는 고정 관념이 개발자의 커뮤니티에 암묵적으로 퍼져 있기 때문이라 할 수 있다. 이를 가리켜 무의식적 편견(4.2절 참고)이라고 한다. 이러한 역할 고정이 여전히 일어나고 있다는 사실을 알아차리는 것이 중요하다.

■ 편견은 세계 공통의 문제

역할 고정은 세계적인 문제다. 프랑스의 알데바란 로보틱스가 개발한 로봇 '나오(NAO)'는 성별을 파악하기 힘든 외모를 가졌지만, 영어로 'he(남성 대명사)'라 불리며 교육과 의료 등 다양한 분야에서 사용되고 있다.

그러나 나오가 간호용으로 사용될 때는 프랑스에서 여성의 이름으로 많이 사용되는 '조라(Zora)'로 불린다. 광고 비디오에서도 나오를 '춤과 노래, 운동 강습과 대화까지 가능한 젊은 여성'이라고 소개하고 있다. 여기에는 간호가 여성의 일이라는 고정 관념이 깔려 있다.

해외에서는 성별과 함께 인종 문제도 지적되고 있다. 화면에 등장하는 캐릭터 얼굴은 데포르메된 경우가 많은데, 피부색이 편향되어 있곤 하다. 예컨대 경찰 캐릭터로 백인 남성만 등장하는 것은 확실히 문제다.

디자인적으로 화면상의 에이전트 외모가 특정 성별과 피부색에 치우치지 않았는지, 편견에 기반해 특정 직종에 특정 외모와 피부색만 지정된 것은 아닌지 등을 확인할 필요가 있다.

■ 스테레오 타입 재생산

AI는 역할이나 직종에 대한 이미지를 재생산하기 때문만이 아니라 '사람이 아니지만 사람답기 때문'에 함부로 다뤄지기도 한다. 스마트 스피커가 특히 성차별적 발언에 노출되어 있다는 보고를 그 대표적인 예로 들 수 있다.

애플의 시리(Siri), 아마존의 알렉사(Alexa) 등의 스마트 스피커는 초기 설정상 여성의 목소리다. 다른 음성 선택지도 있지만 목소리 톤이 높을수록 알아듣기 쉽다는 점 때문에 초기에는 여성의 목소리가 많이 사용된다.

스마트 스피커는 사람의 명령에 순순히 따른다. 이에 관해 여성은 종속적이고 무슨 말을 들어도 받아넘긴다는 스테레오 타입을 암묵적으로 재생산하고 있다는 비판도 있다.

■ 인권을 우선으로

에이전트에게 성차별적 발언을 하는 사람이 기계와 현실을 혼동해 진짜 여성에게도 늘 성차별적 발언을 하지는 않을 것이다. 그러니 '에이전트를 사람처럼 취급하자, 사람에 준하는 권리를 부여해야 한다'라는 것은 지나친 비약일 수 있다.

에이전트와 로봇의 외모에서 성별과 인종을 문제삼는 것처럼, 기계를 존중한 나머지 오히려 사람의 존엄과 인권을 소홀히 여기고 있는 것 아니냐는 의문도 들 수 있다.

예를 들어 간호사가 부족해 간호 로봇을 도입하자는 얘기가 있다고 가정해 보자. 사실 진짜 부족한 건 간호사가 아니라 그들의 일에 대한 존중, 노고에 상응하는 금전적인 대가가 아닐까?

이런 사례도 있다. 2017년에 사우디아라비아는 사람형 AI 로봇인 소피아에게 시민권을 부여했다. 그러나 사우디아라비아는 여성의 권리가 제한적인 나라다. 최근까지만 해도 여성은 남성 보호자의 허가 없이 운전조차 할 수 없었다.

기계를 도입하거나 존중하기 이전에, 박해받거나 빈곤에 빠져 부당한 취급을 받는 사람을 구제하는 것이 중요하다. 기계에 너무 주목한 나머지 사람의 권리와 존엄을 소홀히 하는 본말 전도가 일어나지 않게 주의하자.

5.7

AI 시스템 설명하기

사람다운 AI, 사람의 기능과 능력에 근접한 성능을 가지는 AI는 사람과의 경계가 모호하다.
이는 인간을 불안에 빠뜨리기도 한다. 이러한 불안을 불식시키려면
AI가 어떠한 목적으로 어떻게 사용되는지 공중에게 설명해야 한다.

AI에 대한 막연한 불안

AI 시스템을 소개할 때, 'AI가 판단한다'나 'AI가 예측한다'처럼 AI를 주어로 이야기할 때가 있다. 실제로 심층 학습 등에서는 기계가 학습 포인트를 스스로 찾아내기 때문에 어느 정도는 자율성이 있다고 할 수 있다.

그러나 이러한 표현 때문에 AI가 함부로 판단해 폭주하는 것이 아닌지, 일을 빼앗기는 것은 아닌지 우려하는 이들도 나타나고 있다. 사실상 현재의 AI는 특정 과업에 특화되어 사람의 일을 지원하는 특화형 AI가 대부분인데도 말이다(2.8절 참고).

사람다운 외모, 태도를 갖추고 자연스러운 대화를 나눌 수 있는 AI도 늘고 있다. 그러나 사람처럼 AI가 0부터 새로운 가치를 만들어 내고 그 결과가 사람과 동등한 수준까지 도달할 수 있는가 하는 점에서 본다면 AI의 연구는 아직 갈 길이 멀다.

실제 AI의 산출물에는 사람이 개입한 부분이 상당히 많다. AI를 활용해 호시 신이치 문학상에 도전하거나 데즈카 오사무의 만화 프로젝트에 참가 중인 AI 연구자 마쓰바라 히토시의 설명에 따르면, 작품

의 10~20%만 AI가 만들고 나머지는 사람이 조정한다고 한다.

그럼에도 화제성이나 간결함을 목표로 'AI가 ○○한다!'라고 작성된 문구를 종종 볼 수 있다. 이 책에서도 이해를 돕기 위해 AI를 독립적으로 움직이는 캐릭터로 표현했다. 이러한 표현은 마치 AI가 스스로 새로운 것을 만들어 내거나 판단한다는 인상을 준다. 이처럼 AI는 의인화하기 쉬운 기술이다. 어떻게 AI를 표현할지는 이용 목적에 따라 종합적으로 판단할 필요가 있다.

AI가 해결한다!

이렇게 표현하면 새로워서 인기를 얻을 거야.

AI를 활용해 해결한다!

현실에 맞게 이렇게 쓰자.

프로세스 · 사양 공개

AI에 관한 우려 중 심층 학습의 블랙박스 문제가 있다(2.7절 참고). 설명 가능 AI를 도입하면 이러한 문제는 해결할 수 있다(3.3절 참고). 어떤 데이터와 알고리듬을 학습에 사용하는지 설명하는 것도 중요하다.

■ AI가 이용되었다는 점 명시하기

어떠한 판단이나 예측에 AI가 사용된 경우 이를 명시해야 한다. 일례로, 현재 프로파일링에는 AI가 사용되고 있다(4.5절 참고). 최종적인 판단은 사람이 내리지만, 판단을 돕는 도구로 AI를 사용한다는 사실을 이용자가 모른다면 AI가 편향된 판단을 내렸을 수 있다는 가능성을 지적할 수 없다.

■ AI 메이킹 동영상 공개하기

AI나 CG, 가상 현실을 이용해 고인을 재현하는 기술(5.4절 참고)에도 찬반이 나뉜다. '고인이 생전에 동의하지 않은 재현은 모독이다', '정치 · 종교적으로 영향력이 있는 공인을 재현시켜 악용할 수 있다' 등과 같은 우려가 있다.

이러한 우려에 대응하기 위해 재현의 목적(5.3절 참고), 기술의 자동 생성 범위, 사람의 손을 거친 범위를 명확히 설명하는 방법이 있다. AI에 대한 과도한 기대나 불안을 막는 것이다.

사람들이 설명을 읽긴 할까

너무 길거나 기술적으로 너무 자세한 설명은 사람들이 읽지 않는다. 서비스를 이용할 때 읽어야 하는 이용 약관이나 동의서를 대부분이 대충 읽고 넘긴다는 실험 결과도 있다. 따라서 설명 방법이나 인터페이스의 디자인(5.2절 참고)을 궁리할 필요가 있다.

■ 문해력과의 연계

AI는 사건과 사고가 발생했을 때 누가 책임을 지는지 구조적으로 파악하기 어렵다는 문제를 가지고 있다(6.6절 참고). 따라서 서비스 제공자가 소비자와 이용자에게 AI에 관해 적절히 설명하거나 책임 소재를 미리 생각해 두어야 한다(6.8절 참고). 소비자와 이용자도 어떠한 문제가 일어날 수 있을지 파악해 두는 문해력(literacy)을 갖춰야 한다.

문제가 일어났을 때 대처하기 위한 사회 안전망을 구축하기 위해, 보험 및 인증 기관과 연계할 필요성도 커졌다(6.6절 참고).

5.8

인간·기계의 생사 디자인

AI 시스템은 개발·실행·운용법뿐 아니라(3.2절 참고) 목적에 따라서
사용 후 폐기법까지 설계해야 한다. 특히 인간과 거리가 가까운 로봇이나 에이전트는
사물로 아무렇게나 다룰 것이 아니라 어떻게 이별할지까지 고민해 볼 필요가 있다.

사이보그-인간

기계를 의인화해 취급하는 사례를 앞에서 소개했
다(5.6절 참고). 인간도 이미 어느 정도는 기계화, 사
이보그화되었다.

사이보그라고 해도 SF에서 묘사하는 사이보그처
럼 물리적으로 몸과 기계가 융합된 것은 아니다. 현
대 사회를 살아간다는 것은 기능과 사고 일부를 기
계에 맡기는 사이보그로서 살아간다는 뜻이다.

우리는 기억과 정보 처리 능력의 일부를 사이버
공간에 맡기고 있다. 개인 스케줄, 사회적 연대는 스
마트폰이나 컴퓨터 같은 단말을 통해 사이버 공간에
저장된다. 조사, 집필, 계산, 통신, 쇼핑 등을 정보 통
신 기기의 도움 없이 하는 것은 이미 불가능해졌다.

멀리 있는 로봇을 조작하거나 자신의 분신인 아바
타를 사이버 공간에서 조작하는 기술을 통해, 공간
제약에서 벗어나 자유자재로 움직이며 돌아다닐 가
능성도 나오고 있다. 그 외에 뇌와 기계를 직접 연결
해 인식 능력이나 지각 기능을 확장하는 뇌-기계 인
터페이스(brain-machine interface, BMI) 기술도
주목받고 있다.

데이터로 부활하는 사람

사이버 공간상에 데이터로 남은 개인 정보를 재구
축해 디지털 트윈(digital twin)을 만들 수 있다. 보
고 들은 정보와 생각을 모두 사이버 공간상에 업로
드하여 '라이프 로그'를 남기는 사람도 있다.

하지만 굳이 모든 정보를 자세히 기록할 필요도
없다. 타인의 기억과 기술을 통해 부족한 정보를 보
완하면 특정인을 기술하고 그의 행동을 재연할 수
있다. 이러한 시도 중 사망한 사람의 데이터를 이용
해 그 사람의 말과 표정을 되살리고 그와 대화하는
기획이 매우 흥미진진한 사례다. 최근 여러 곳에서
화제가 되고 있다(5.4절 참고).

심층 학습을 기반으로 만들어진 고인 AI는 설계자
가 특징을 지정하지 않아도 어느 정도 자율적으로
그 사람'답게' 행동한다. 한국에서도 2019년에 죽은
어린 딸을 AI 기술로 재현해 어머니와 만나게 해 주
는 기획의 TV 프로그램이 방영되었고, 일본에서도
같은 해 미소라 히바리 AI가 홍백가합전에 출연해
화제가 되었다(5.3절 참고). 공인과 일반인을 가리지
않고 이 기술이 활용되고 있다.

기계와 이별하는 법

사이보그화하는 우리의 데이터는 삭제하지 않는 한 사이버 공간에 계속 남아 있다. 살아 있는 사람의 데이터는 개인 정보로 보호되지만, 사망한 사람의 데이터는 보호 대상에서 제외된다. 그래서 정보를 나누어 취급할 필요성이 생겨났고, SNS 등에서도 사망한 사람의 계정은 고인 전용으로 지정해 추도 계정으로 전환된다.

이전에도 고인의 사진이나 동영상 등이 남겨져 있었기에, 주변인들이 고인을 회상하며 마음속으로 대화하는 일은 흔했다. 그러나 GAN이라는 데이터 생성 기술, 음성 · 동영상 합성 기술로 살아 있는 사람과 상호 작용하는 AI를 만들 수 있었고, 실제로 상용 서비스가 출시되고 있다.

이러한 서비스에는 다양한 과제가 있다. 유명인이든 혈육이든 소중한 사람과 다시 한번 만나면 기쁨을 느끼겠지만, 오히려 상실감이 커질 수도 있다. 그러므로 용도에 따라 고인에 대한 경의를 표하며 적절한 시기에 AI를 종료시키는 방법도 생각해야 한다.

고인의 AI와의 만남을 하룻밤으로 한정하거나, 일정 시기가 지나면 자연스럽게 만나는 횟수를 줄이는 방법 등의 해결책이 있다. 그룹 돌봄 전문가의 의견도 포함해, 기계와 이별하는 방법도 생각해 봐야 한다.

기계와 이별하는 의례

인간과 기계의 관계는 주관적이라 관계가 밀접해질수록 이별을 다루는 사회적 의식이 중요해진다. 인간과 기계가 접하는 방법을 폭넓게 바라본다면 의식과 같은 사회적 제도 역시 인터페이스 디자인의 범주에 들어갈 것이다.

■ 로봇 장례식

기계와 이별할 때, 인간 사회의 제도를 따라 로봇에 장례를 치러 주기도 한다.

소니에서 개발한 반려견 로봇 아이보(AIBO)는 1999~2006년에 걸쳐 일본에서 크게 유행했다. 이 로봇의 생산이 종료되자 수리용 부품 또한 생산이 중지되었다. 더 이상의 수리가 불가능해진 망가진 아이보를 사람들은 사망했다고 판단하게 되었다. 지바현 이스미시의 고후쿠지에서는 매년 사망한 아이보를 위해 옛 주인들이 공양을 올리고 있다.

6장

사회적 과제 재검토

우리 사회 제도와 의식은 발전하는 AI 기술과 상호 작용하면서
변화하고 있다. 이 장에서는 오늘날의 일과 생활에 초점을 맞춰
사회에 뿌리내린 구조적인 문제를 생각해 보기로 한다.

AI와 함께하는 생활 그리고 일

우리 생활이나 일에 AI가 도입되는 이유는 무엇일까?

AI를 사용한 생활 및 업무 방식에서 협동은 어떠한 형태일까?

인간과 기계가 협동하지 않고, 기계만 계속 일할 수도 있을까?

기술의 렌즈를 잠시 내려 놓고, 인간과 AI의 관계성을 생활과 일이라는 관점에서 생각해 보자.

최종 판단은 인간의 몫

■ 이유 1: 정밀도가 낮은 AI

'인간이 최종 판단을 내리는' 가장 큰 이유는 데이터의 질과 양이 좋지 않은 경우를 대비하고, AI의 성능을 보장하기 위해서이다(3.2절 참고).

■ 이유 2: 정해진 제도

AI가 인간과 동등한 수준 또는 그 이상의 인식 및 예측 정밀도를 내놓는다고 해도, 의료 분야처럼 사건 사고가 발생했을 때 인간이 책임져야 하는 분야가 있다(6.7절 참고).

■ 이유 3: 기계에 대한 인간의 반감

정밀도가 좋고 제도상으로도 문제가 없어도, 기계의 지시나 판단에 대한 반감은 누구나 가지고 있다. 사람들에게 신뢰받을 수 있는 AI 기술과 인터페이스를 구축하고 사람들에게 AI의 결과를 납득시키는 방법에 관한 학제 간 연구가 이루어지고 있다.

생활과 일은 사회 제도, 감정, 기술과 복잡하게 연결되어 있구나.

그러니까 인터페이스의 디자인이나 기술 개발, 설계 단계에서부터 다양한 사람들과 논의해야 해(7.2절 참고).

인간과 AI의 협동

■ 이유 1: AI와 인간의 상호 보완

AI는 과거 데이터로부터 학습해 기억력과 계산 능력이 좋고, 인간은 미지의 상황에 빨리 적응한다. 이처럼 각자가 가진 강점에 맞게 역할 분담이 가능하다(6.3절 참고).

AI가 바둑에서 새로운 수를 두거나 새로운 음악과 그림을 창작하는 것은 완전 자동적인 과정 같지만, 실제로는 인간이 정한 규칙 속에서 만들어 내는 것이다. 인간이 AI에서 새로움이라는 가치를 찾아내는 것 또한 인간과 AI의 협동이라 할 수 있다.

■ 이유 2: 인력 부족

한국, 일본을 비롯한 여러 나라에서 저출산 고령화가 진행 중이다. 기술적인 안정성이 일정한 품질을 보장해 준다면, 한 사람이 여러 개의 AI를 관리하며 몇 인분의 일을 혼자 처리할 수 있다(6.2절 참고).

AI 완전 자동화

■ 이유 1: AI의 빠른 판단

AI 완전 자동화는 스스로 문제를 설정해 해결하는 범용 인공 지능(2.8절 참고)과는 별개이다. 어디까지나 사람이 설정하면 기계가 빠르고 적절하게 처리할 수 있는 일을 자동화해 효율성을 높이는 것이다.

AI가 뉴스와 경제 이슈를 감시하면서 자동으로 거래하는 알고리듬 트레이딩이 대표적인 예로, 현재 주식 거래의 90%를 차지하는 거래 방식이다.

■ 이유 2: 지치지 않는 AI

기계는 사람과 달리 장시간 활동해도 지치지 않는다. 따라서 공장의 단순 작업 같은 일은 기계가 사람보다 정확히 할 수 있다.

■ 이유 3: 학습 결과 공유

인간은 습득한 기술을 다른 사람에게 전달하는 데 시간이 걸리지만, AI가 습득한 지식과 기술은 다른 AI에게 쉽게 복사하거나 전이할 수 있다. 사람보다 효율적으로 학습할 수 있다는 뜻이다.

자율 주행의 레벨

인간과 기계의 협동 형태는 자율 주행차의 레벨을 떠올리면 이해하기 쉽다. 미국의 비영리 단체 SAE 인터내셔널이 처음 제시한 이 지표는, 자율 주행차를 오롯이 운전자가 운전하는 레벨 0부터 운전자가 없는 완전 자율 주행 단계의 레벨 5까지 나누었다.

현재 전 세계의 자동차 제조사가 이 레벨에 준거한 개념을 채택해, 다양한 레벨의 자율 주행차 개발을 목표로 하고 있다.

■ 레벨 2와 3 사이의 벽

자율 주행 레벨에서는 레벨 2와 레벨 3 사이에 있는 벽이 중요하다. 레벨 2까지 운전에 관한 제어는 모두 운전자가 하고 AI는 이를 보조하기만 하므로 운전자가 꼭 필요하다.

레벨 3, 4에도 운전자가 있어야 하지만, 특정 조건에서는 AI가 주도해 운전할 수 있게 된다. 나아가 레벨 5가 되면 AI가 모든 조작을 하므로 운전자가 필요 없다.

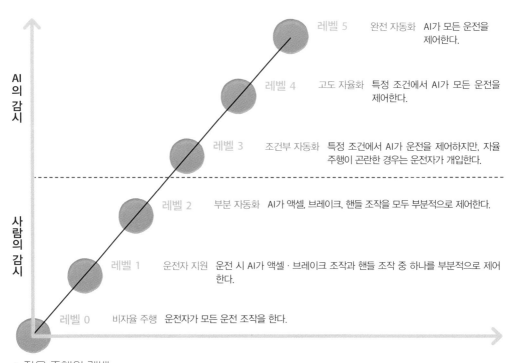

레벨 5 　완전 자동화 　AI가 모든 운전을 제어한다.

레벨 4 　고도 자율화 　특정 조건에서 AI가 모든 운전을 제어한다.

레벨 3 　조건부 자동화 　특정 조건에서 AI가 운전을 제어하지만, 자율 주행이 곤란한 경우는 운전자가 개입한다.

레벨 2 　부분 자동화 　AI가 액셀, 브레이크, 핸들 조작을 모두 부분적으로 제어한다.

레벨 1 　운전자 지원 　운전 시 AI가 액셀ㆍ브레이크 조작과 핸들 조작 중 하나를 부분적으로 제어한다.

레벨 0 　비자율 주행 　운전자가 모든 운전 조작을 한다.

AI의 감시

사람의 감시

▲ 자율 주행의 레벨

■ 자율 주행의 현재와 미래

전 세계의 자동차 제조사는 레벨 2의 자율 주행 기능인 자동 브레이크, 선행 차량을 따라 달리는 지원 장치를 개발해 왔다.

레벨 2는 어디까지나 운전을 보조하는 단계이므로, 만일 AI의 주행 보조 기능을 켰을 때 사고가 일어나도 운전 조작의 책임은 운전자에게 있다.

지금도 전 세계적으로 레벨 2로 주행하던 운전자가 한눈을 팔거나 휴대 전화를 만지다가 핸들을 바로 조작하지 못해 발생하는 사고가 빈번하다.

이미지 인식의 정밀도 역시 과제로 남아 있다. 앞으로 자율 주행차가 보급된다면, 적대적 공격(3.5절 참고)에 따른 피해는 현실적인 리스크로 등장하게 될 것이다.

데이터 학습의 편향도 마찬가지다. 자동차는 세계 각지에서 판매 중이지만, 주변 경치나 상황은 나라마다 다르다.

■ 일본의 도로교통법 개정

2020년 4월 전 세계에서 가장 먼저 개정된 일본의 도로교통법에 따르면, 레벨 3으로 자율 주행 시 시스템으로부터 운전자가 언제든 운전 조작을 이어받을 수 있다면 휴대 전화를 보고 있어도 문제 없다. 즉, 자율 주행 시(레벨 3)에 사고가 일어나도 운전자에게 책임을 묻지 않게 되었다. 다만 신속한 운전 교대가 조건이므로 음주 운전을 하거나 운전석을 비워서는 안 된다.

그렇다면 자율 주행 시 사고가 일어났을 때는 어떻게 될까? 자율 주행 시스템에 과실이 있다고 판단되면 자동차 제조사가 책임을 지고 보험 회사가 배상하게 되어 있다.

■ 자율 주행차 판매

2021년 3월, 혼다가 세계 최초로 레벨 3의 자율 주행차를 출시했다. 지금까지 레벨 3 이상의 자동차는 한정된 공간과 지역에서 실증 실험을 진행했지만, 이 자동차는 공도를 달릴 수 있다. 국내에서는 기아의 EV9에 레벨 3 자율 주행 기능이 최초로 적용되어 2023년 출시되었다.

의료 분야의 AI

자율 주행차 외에 의료 분야에서도 AI의 자동 진료를 연구하며 이를 사회에 도입하고자 한다. 현재 의료법상 대부분 국가에서 의료 종사자가 최종적인 판단을 하도록 정해져 있다. 그러나 진료 과정에서 진단을 보조하는 AI는 증가하는 추세다.

최근에는 사람인 의사와 거의 비슷한 진단을 내리는 AI도 등장하고 있지만, 그럼에도 최종적인 판단은 사람이 하게 되어 있다.

■ 진료 지원의 종류

진료 AI에도 다양한 종류가 있다. 진료하려면 우선 환자와 이용자로부터 정보를 받아 입력하고, 이를 분석한 뒤 결과를 제시(출력)한다.

음성 인식, 데이터 관리 등의 기능을 가진 AI가 접수 과정을 도와주면 의료 종사자의 부담과 이용자의 대기 시간을 줄일 수 있다. 의료 종사자가 빠뜨린 부분을 짚어 주는 AI도 있다. 자율 주행의 레벨 4 이상처럼 자동 진료까지 가능한 AI가 등장한다면 진료 가능한 시간과 장소의 선택지가 늘어날 것이다.

▼ AI의 진료 지원

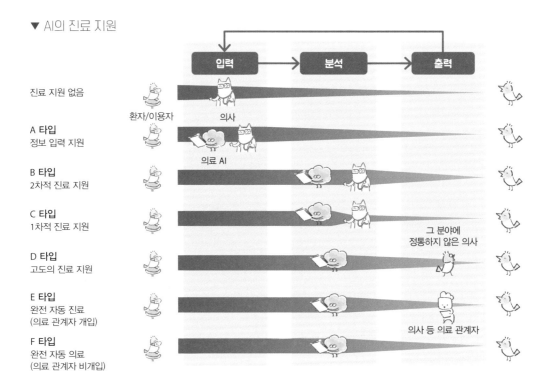

※파란색 선은 환자 · 이용자에 도달할 때까지의 진료 프로세스로, 의사, 의료 관계자, AI 시스템이 처리하는 정보량을 나타낸다.

■ 전문가의 일은 사라질까?

왼쪽 하단의 그림은 필자가 의료 AI 시스템의 타입을 분류해 작성한 것이다. 이 그림대로 타입 E와 F에 해당하는 완전 자동 진료가 실현된다면, 의사는 필요하지 않게 된다.

의료뿐 아니라 변호사나 판사 등 전문가라 불리는 사람들의 일자리가 사라질지도 모른다는 불안이 있다. 하지만 이에 대해서는 '상황에 따라 다르다'라고 대답할 수 있다.

지금까지 전문가가 처리해야 했던 정보와 업무의 양은 AI의 개입으로 줄어들게 된다. 예를 들어 보자. 그림의 타입 B와 타입 C는 서로 비슷하지만, 타입 B는 의사의 정보 처리 부담에 변화가 없다. 기술의 정밀도가 낮다면 AI가 중요한 분석을 빠뜨릴 가능성도 있으므로 타입 B의 형식을 취할 수밖에 없다(인간이 AI의 결과를 재확인한다).

기술의 정밀도가 올라가 AI가 사람과 비슷한 수준으로 판단할 수 있게 된다면, 우선 AI에게 진단시킨 다음 그 결과를 참고해 의사가 진료할 수 있으므로 의료 종사자의 부담이 줄어든다. 이러한 점에서 보면 타입 B는 과도기의 기술 사용법이니 '기술의 정밀도가 낮아서 사용할 수 없는 것'은 아니다.

병을 진단할 때는 여러 명의 의사가 수차례 확인하므로, 그중 한 사람의 몫을 AI가 대신하기만 해도 의료 종사자의 부담이 경감된다. 이처럼 기술이 할 수 있는 일과 할 수 없는 일을 구분하면 사람과 기계의 역할을 잘 분담할 수 있다.

■ 레벨 대신 타입

처음 의료 AI 시스템을 분류할 때 필자는 자율 주행처럼 '레벨'이라는 단어를 사용했다. 그러나 의료 관계자와 이야기를 나누어 보니, 레벨이라는 단어가 가지는 지향성에 거부 반응을 보이는 사람이 있었다.

자율 주행에서는 레벨이 1부터 2, 3순으로 올라가 최종적으로는 레벨 5의 완전 자율 주행, 즉 운전자가 없는 상태를 목표로 한다.

그러나 의료 분야의 경우 적어도 당분간은 의사가 최종 판단을 하도록 법으로 정해져 있다. 가벼운 증상이나 만성 질환은 AI가 자동으로 진단하는 날이 올 수도 있겠지만, 의사가 필요하지 않는 날은 결코 오지 않을 것이다.

이를 고려해 '레벨'이 아니라 '타입'이라는 단어를 선택했다. 더 우월한 타입이 존재하는 것이 아니다. 기술의 정밀도, 법과 같은 사회 제도, 이용자의 필요를 고려해 최적의 타입을 고르는 것이 중요하다.

사건 사고가 일어나면 AI에게 책임을 물을 수 없어.

일과 과업

기계에 일을 빼앗길지도 모른다는 우려와 AI에게 작업을 맡기면
사람만이 할 수 있는 일에 전념할 수 있다는 긍정적 예측이 함께 존재한다.
목적이 명확한 일은 AI(기계)가 잘하겠지만, 그렇지 않은 일도 있다.

기계는 일이 아니라 과업을 한다

우리가 일이라 말하는 작업은 각각의 과업(task)을 합친 것이다. 기계는 어떠한 과업에 특화된 작업만 할 수 있으므로(2.8절 참고) 애매한 지시는 따르지 않는다. 그래서 사람이 일의 내용을 과업으로 나누어 기계에 지시할 필요가 있다.

■ 과업에 반영하기 어려운 보이지 않는 노동

빨래의 상위 개념인 '가사'는 '집안일'과 관련된 일을 합친 것이다. 그런데 여기에는 이른바 '이름 없는 가사', '보이지 않는 가사'의 양도 상당하다. 이는 '사무', '육아', '간호'도 마찬가지다.

서류를 자동 생성하는 업무 로봇이나 간호 대상자의 이동을 돕는 간호 AI가 다른 사무나 간호를 하려면 별도의 시스템과 결합해야 한다. 결국 사람만 할 수 있는 작업이 남게 될지도 모른다. 사람과 기계의 공동 작업이 더욱 복잡해진다는 뜻이다.

일만 바빠질 뿐?

일부 작업을 기계에 맡기면 전체적으로 일의 효율은 확실히 올라갈지 모른다. 하지만 기계가 대신할 수 있는 일은 일부에 불과하다.

루스 슈워츠 카원이라는 역사학자가 쓴 『과학기술과 가사노동(More Work for Mother)』이라는 책은 백색 가전의 등장으로 가사가 어떻게 변화했는지 소개한다. 하인이나 업자에게 맡겼던 빨래라는 일은 20세기에 세탁기가 가정에 도입되면서 '엄마'의 일이 되었다. 집에서 빨래를 하면 그 양과 빈도는 자연스럽게 늘어나게 된다.

하지만 빨래와 관련된 다른 과업, 건조나 정리 등은 자동화되지 않았으므로 결과적으로 엄마는 한가해지기는커녕 오히려 매일 할 일이 늘어났다.

■ 기계에 휘둘리지 않으려면

빨래를 예로 들었지만 다른 일도 상황은 비슷하다. 기계를 도입했다면 그 기계가 잘 동작하도록 데이터 전처리를 하고, 물건을 정리하고, 기계가 할 수 없는 변칙적인 대응을 하는 등 거꾸로 사람의 일이 늘어날지도 모른다.

기계는 24시간 가동할 수 있지만, 사람은 그렇지 않다. 사람이 무리하게 기계를 따라하는 것은 좋은 생각이라 할 수 없다.

반대로 기계를 사람의 반응 속도와 처리 속도에 맞춘다면 본말이 전도된 상황이니 기계화한 의미가 사라진다. 따라서 사람은 기계의 도입 목적에 따라 인간과 기계의 과업 분담을 적합하게 설계할 필요가 있다.

알고 보니 환경 변화나 변칙적인 내용에 대응할 수 있는 사람이 대단한 거였어.

과업 분담 워크숍

사람과 기계의 역할 분담에 관해 토의하는 워크숍을 소개한다. 이 워크숍의 목적은 합의 혹은 상대를 설득하는 것이 아니라, 합의가 이루어지지 않는 이유에 관해 얘기를 나누고 자신과는 다른 가치관이나 사고 방식을 깨닫는 것이다. 소요 시간은 약 1시간이다.

① 대화의 태도 정하기

'상대를 비판하지 않는다', '자율적이고 적극적으로 임한다', '화제의 전환을 두려워하지 않는다' 등의 약속을 공유한다. 참가자의 연령, 성별, 직업 등이 다양하면 여러 가지 의견을 들을 수 있다.

② 개인 작업(5분)

생각해 보고 싶은 일상생활이나 업무의 '과업'을 포스트잇에 떠오르는 대로 적어 나간다. 카테고리나 내용이 모두 제각각이어도 상관없다.

③ 그룹 작업 1(15분)

오른쪽 그림을 빈 종이에 크게 그린 뒤 그룹원들과 대화하면서 자기가 쓴 '과업'을 분류한다. 다른 사람의 아이디어를 보고 생각난 과업도 추가해 나간다. 합의하지 못한 내용은 가운데에 붙인다.

양치하기
샤워하기
메일 확인하기
출근하기
스트레칭하기
상사와 잡담하기

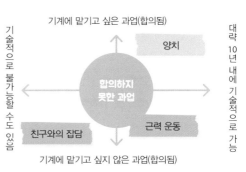

기계에 맡기고 싶은 과업(합의됨)

양치

기술적으로 불가능할 수도 있음

대략 10년 내에 기술적으로 가능

합의하지 못한 과업

친구와의 잡담

근력 운동

기계에 맡기고 싶지 않은 과업(합의됨)

④ 그룹 작업 2(10분)

과업을 모두 나눴거나 시간이 다 되었다면, 종이 중앙에 있는 '합의하지 못한 과업'에 관해 얘기한다.

합의하지 못한 이유는 내용이 다의적이거나 애매하기 때문이다. 우선은 과업을 분할하면 합의할 수 있을지 생각한다. 끝까지 합의하지 못한 것은 그대로 내버려 두자.

⑤ 리뷰(20분)

우선 '기계에 맡기고 싶은' 과업을 확인한다. 기계에 일을 빼앗길까 걱정하는 사람이라도, 의외로 기계가 '뺏어 줬으면 하는' 과업이 있다는 사실을 알게 될 것이다. 이러한 과업을 왜 기계가 다 가져가지 않은 것일까? 제도적·관습적인 것인지, 아니면 다른 요인이 있는 것인지 생각해 보자.

다음으로 '기계에 맡기고 싶지 않은' 과업을 통해 각자가 중요하게 여기는 가치관을 확인해 보자.

쇼핑은 '취미'와 '생활용품 구매'로 나눌 수 있어.

기계에 맡기고 싶은 과업(합의됨)

기술적으로 불가능할 수도 있음

대략 10년 내에 기술적으로 가능

생활용품 구매

합의하지 못한 과업

쇼핑

취미

기계에 맡기고 싶지 않은 과업(합의됨)

기술적으로 기계가 할 수 있다고 무턱대고 맡기고 싶은 것도 아니다.

내가 하고 싶지만 효율 때문에 기계에 맡기는 과업이 있다면, 정말로 그러한 사회에서 살고 싶은지 다시 생각해 보는 계기가 될 것이다.

합의를 하려면 과업을 잘 나눌 수 있어야 해. 앞으로 살아가는 데 필요한 능력일지도?

쉽지 않네

맞아. 하지만 너무 세세하게 나눠도 문제야. '사과'나 '우정' 같은 카테고리를 너무 세세하게 나누면 의미가 없어질 수 있으니까 말이야.

기계에 맡겨야 할 일

기계와 사람이 수행할 역할을 분담하는 것은 사람이다.
달성하려는 목적, 기술의 성능을 착각하면 오히려 일이 늘어날 수 있다.

귀찮은가 보람찬가

현재 AI가 할 수 있는 과업은 한정되어 있으므로 복잡한 작업은 사람이 대응해야 한다. 편하거나 반복적인 일을 기계가 맡아서 해 주면 사람에게는 '보람을 느낄 수 있는 일'만 남을지도 모른다. 그러나 그것은 '어렵고, 변칙적이며 귀찮은 일'이라고도 할 수 있다.

사람이 하기에 의미 있는 일인가

고객 접수 받기, 간호 중 대화 나누기 등을 로봇이나 AI가 할 수 있을지 모르지만, 사람에게는 실제로 사람을 만나 정보를 얻고 대화를 나누는 일 자체가 필요하다는 의견도 있다. 혹은, 사실 그건 편견에 불과하고 의외로 '기계를 상대하는 편이 신경을 쓰지 않아도 되어서 좋다'라는 의견도 있을지 모른다.

기계가 할 수 있다고 해서 일을 다 맡기기보다, 사람의 가치관이나 목적에 따라 결정해야 한다.

같은 기술이라도 쓰기 나름

기술을 사용할 때는 '어떤 사회에 살고 싶은지', '어떤 업무 방식을 원하는지'와 같은 비전이 중요하다.

예를 들어 업무량 감소는 효율화에 공헌한다. 인건비뿐 아니라 작업에 드는 시간과 비용의 절감 또한 효율화를 기대할 수 있다.

그러나 효율화만으로는 '빠르다', '싸다' 이외의 질적으로 '새로운 가치'가 생겨나지 않는다. 인력을 감축해 같은 작업에 적은 인원을 투입할지, 남는 시간을 직원의 복지와 새로운 가치 창조 등에 쓸지는 경영 비전에 따라 달라진다.

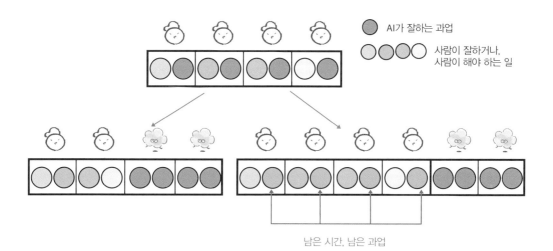

남은 시간, 남은 과업

AI를 도입해 작업량이 줄어든다면……

A사 사장: 비용이 제일 많이 드는 인건비를 줄여도 노동 시간에 변함이 없네. 효율화 만세!

B사 사장: 직원들의 여가 시간을 늘리거나, 다른 작업을 해도 되는 시간으로 하자. 거기서 새로운 가치가 만들어지면 좋겠는데.

개량과 개혁

정보 통신 기술을 필두로 한 기기는 일과 생활의 필수 요소다.
그러나 이용 중인 제품과 서비스를 새로운 서비스로 전환하려면 노력과 시간, 비용이 든다.
이를 '잠금 효과'라고 한다. 한번 갇혀지면 새로운 기술과 제도를 도입할 계기를 잃어버릴 가능성이 있다.

개량이냐 개혁이냐

AI 기술을 도입하려고 할 때, 현재 상황을 '개량(improvement)'하고 싶은지, '개혁(innovatoin)'하고 싶은지 관계자들끼리 합의할 필요가 있다(아래 표 참고).

개인이 데이터를 소유한다면

데이터 활용을 추진하고자 한다면, 개인 정보 보호의 규칙을 만들거나 데이터 관리와 공유를 위한 구조를 만드는 일이 중요하다(4.8절 참고). 기존에는 정부나 기업이 데이터 보호와 관리 구조를 만드

▼ 개량과 개혁

	개량	개혁
현재 구조	긍정적, 답보 상황	부정적, 파괴의 필요성 존재
변화의 단위	수 주~1년	수년~수십 년
목적	현재 상황에 최적화, 효율화	새로운 가치관 창출
법률	현행법 대응	구조와 제도 변혁 필요
장점	눈에 보이는 성과를 바로 낼 수 있음.	기존의 구조적 문제 해결이 가능. 예를 들어, 우버와 같이 자투리 시간에 일하는 긱 경제(gig economy)는 근무 방식이나 생활 방식, 이동과 시간의 개념을 혁신함.
단점	단기적으로는 성과를 내지만 한번 최적화되면 극적인 변화를 기대할 수 없고, 시간과 비용의 효율화가 더는 이루어지지 않는다는 한계에 부딪침.	기존의 사회 제도 등을 뒤흔들어 경제·사회적으로도 영향을 받는 사람이 많이 나올 수 있음. 그런 이들을 지원할 방법을 사회 전체가 고민해야 함.
	현재 상황을 긍정하는 한, 부분 최적은 전체 최적에 이바지하기보다 비효율적일 수 있음. 예) 전염병 때문에 재택 근무를 도입한 기업에서 직원이 결산 때문에 '결재 출근'해야 하는 경우.	변화를 일으키려면 시간이 걸리고, 관계자가 늘어날수록 초기 비전에서 벗어나 부분 최적의 오합지졸로 끝나 버릴 가능성이 있음.

는 비용을 지불해 각자가 만든 규격과 기준을 적용했다. 그러나 데이터를 수집하고 관리하는 주체에 따라 구조가 달라 데이터의 호환성이 사라지는 문제, 개인 정보 유출, 기업이 고객의 이탈을 막아 버리는 문제 등이 있다.

따라서 최근에는 정부와 기업이 아니라 데이터의 소유주인 개인이 자신의 데이터를 관리할 권리를 가져야 한다는 새로운 발상의 주장이 나오고 있다.

유럽에서는 이를 '데이터 이동권'이라는 새로운 권리로 정의했다. 일본에서도 이와 유사한 개념이 등장해, 의료나 교육 등의 분야에서 개인의 각종 데이터를 정부와 기업이 아니라 개인이 소유하는 '정보 은행' 관련 논의가 진행 중이다.

특정 조직이 데이터와 이용자를 독점하는 현상이 사라지면 새로운 서비스가 개발되고 새로운 산업이 탄생할 것으로 기대된다.

한편 데이터의 수집과 관리 방법을 기존의 구조와는 전혀 다른 방법으로 '개혁'하려면 기술은 물론이고 사용자의 데이터 관리 능력, 사생활 의식, 문해력을 향상시켜야 하는 새로운 과제도 나타나기 시작했다.

데이터 관리자는 누구 ?

개량: 조직이 관리

개혁: 개인이 관리

기업의 영향력

AI를 둘러싼 가치관은 눈에 보이지 않지만, 관련한 사람들이 내심 중요하게 여긴 가치는 AI 시스템을 설계할 때 반영된다. 이에 따라 어떤 지역에서 수용된 제품이나 서비스가 다른 지역에서는 거부되는 일도 종종 일어난다.

하지만 현실에서는 일부 거대 기업의 제품과 서비스가 세계적으로 상당한 점유율을 차지한다. 그래도 어떤 기업의 설계 사상이 특정한 나라에 맞지 않는다면 이용자는 가치의 트레이드 오프에 직면한다 (1.2절 참고).

■ 플랫폼 기업

AI 관련 대표적인 거대 기업은 미국의 구글, 아마존, 페이스북, 애플이 있다. 각 회사의 앞글자를 따 GAFA라고 하는데, 여기에 마이크로소프트를 더해 GAFAM이라고 부르기도 한다. 이들의 대항마로 여겨지는 중국의 바이두, 알리바바, 텐센트는 앞글자를 따 BAT라고 부르는데, 여기에 화웨이를 추가하면 BATH가 된다.

미국과 중국의 플랫포머들이 강세구나.

일반적으로 이러한 기업을 플랫폼 기업(플랫포머)이라고 부른다. 플랫폼이란 새로운 경험과 체험을 할 수 있는 매력적인 장소를 가리킨다. 검색을 통해 새로운 지식을 얻고, 좋은 상품이나 사람을 만나기도 하고, 새로운 단말을 사용해 지금까지 경험해 본 적 없는 것을 체험할 수 있다. 매력적이니만큼 사람이나 데이터, 정보가 모이고, 여기서 또다시 새로운 서비스와 데이터가 생겨난다.

■ 플랫폼 기업의 독점

플랫폼 기업이 제공하는 제품이나 서비스는 매력적이다. 이러한 기업이 확보한 소비자를 쉽게 놓아주지 않아 최근 십수 년 동안 극히 일부의 플랫폼 기업이 시장을 독점하는 사태가 벌어졌다.

전 세계 기업 시가 총액 순위를 보면 플랫폼 기업의 독점 상태를 한눈에 파악할 수 있다. 1990년대는 전기나 통신 회사가 시가 총액 톱10에 포함되었고, 2000년대에 들어서면서 은행과 같은 금융계가 10위권 안에 줄을 서기 시작했다. 2010년대 이후부터는 정보 통신 계열의 벤처 기업이 서서히 두각을 드러냈다. 2020년대인 현재는 앞서 언급한 미국의 GAFAM과 중국의 BAT(단, 톱10에는 알리바바와 텐센트만 포함)가 톱10의 대부분을 차지하고 있다.

최근에는 코로나 바이러스로 인해 인터넷상의 커뮤니케이션과 인터넷 쇼핑이 증가했다는 점도 정보 계통의 플랫폼 기업에 특히 유리하게 작용했다.

이 시가 총액을 뒷받침하듯, 이들 기업의 제품 서비스는 우리 생활 속에서 다양하게 사용되고 있다.

- 전 세계 신규 광고비
  구글과 페이스북이 90% 점유
- 휴대전화 OS
  구글과 애플이 99% 점유
- PC OS
  애플과 마이크로소프트가 95% 점유
- 전 세계 이커머스
  알리바바와 아마존이 40% 점유

■ 자동차 업계의 플랫포머

일본은 90년대까지 전 세계 시가 총액 순위의 상위권에 단골로 등장했지만, 최근에는 40위권까지 순위가 내려갔다. 일본 기업 중에는 도요타 주식회사의 순위가 가장 높은데, 자동차와 관련해서는 최근 테슬라 주식회사의 시가 총액이 급상승하면서 화제가 되었다. 테슬라는 전기 자동차, 자율 주행차의 개발과 더불어 AI 연구에도 힘을 쏟고 있는 회사다. 2020년에는 테슬라가 도요타의 시가 총액을 뛰어넘으며 그 비약적인 성장이 주목을 받았다.

2021년 1월, 테슬라의 모델3이 운전자가 거의 개입하지 않는 레벨 4의 완전 자율 주행(6.1절 참고)으로 LA에서 실리콘밸리까지 완주한 동영상이 공개되기도 했다.

■ 플랫포머 규제

이렇게 시장을 독점하고 있는 플랫폼 기업을 규제해야 한다는 논의가 이루어지고 있다. 가장 큰 논점은 개인 정보와 사생활 보호다. 플랫폼 기업은 개인의 정보와 구매 이력, SNS상의 이슈 등을 기반으로 각 이용자에게 특화된 서비스를 제공하지만, 개인 정보를 어떻게 사용하는지가 명확하지 않아 사생활 관점에서 우려가 제기되고 있다.

2018년 유럽은 개인 정보와 사생활 보호라는 관점에서 EU 회원국이 개인 데이터를 보호하도록 하는 일반 데이터 보호 규정(General Data Protection Regulation, GDPR)을 시행했다. 2020년에는 GDPR를 위반했다는 이유로 구글에게 5000만 유로(약 720억 원)의 벌금을 부과하는 등, 플랫폼 기업을 규제하기 시작했다.

중국은 중국 내 구글 검색을 제한해 자국 기업을 육성시키고 있어. 이렇게 산업과 국가, 연구의 관계 또한 나라마다 다 달라.

데이터 활용의 과제

디지털 트랜스포메이션(digital transformation, DX)과 같이
데이터와 AI를 활용한 기술로 사회의 과제를 개량·개혁하자는 움직임이 있다.
여기에 사용하는 도구로써 AI 개발 툴을 비롯해 공공 지도나 데이터가 공개되고 있다(3.8절 참고).
공개 데이터를 조합해 사용하면 훨씬 편리한 툴이 완성된다.
그러나 사회 과제를 해결하기 이전에, 데이터를 이용하고 활용하는 데도 다양한 장벽이 있다.

데이터를 잘 활용할 수 있다면

건물의 구조와 소화전의 장소 등을 누구나 알고 있다면 재해가 발생했을 때 사람을 구할 수 있는 확률도 올라갈지 모른다.

의료 데이터를 비롯한 통계적인 검진 데이터를 분석함으로써 주의해야 할 병에 미리 신경을 쓸 수도 있다.

농업이나 어업 등에서도 전문가의 암묵지를 데이터화해 공유하고, 나아가 날씨 및 기후 예측과 결합하면 수확량이 훨씬 늘 수 있다.

양질의 데이터는 AI의 정밀도를 높이기 위해서라도 중요하기 때문에, 현재 다양한 영역에서 데이터의 이용 및 활용을 촉진하기 위한 기술과 제도의 정비가 이루어지고 있다.

데이터의 활용을 막는 벽

그러나 데이터의 이용 및 활용에는 몇 가지 벽이 있다. 또한 기술적으로 할 수 있다 하더라도 법적, 윤리적인 측면에서 문제가 없느냐는 전혀 다른 이야기다.

■ 종이 형태의 문서

데이터로 활용하려면 전자 데이터의 형태여야 한다. 하지만 아직 공문서를 포함한 서류 대부분이 종이 형태로 보존되어 있다는 사실이 장애물로 작용하고 있다. 우선은 종이 자료를 전자 데이터로 전환하는 작업이 필요하다.

■ 호환성

데이터를 '어떤 형태로 저장했는지'도 중요하다. 전달받은 텍스트나 이미지 데이터가 컴퓨터에서 열리지 않을 수도, 특수한 SW를 구매하거나 설치해야 할 수도 있다.

표준화를 위해 노력 중이지만 데이터의 '갈라파고스화' 문제는 여전히 남아 있다.

■ 보안과 사생활

데이터를 활용하겠다고 아무 데이터나 공개해서는 안 된다. 개인의 의료 정보 등은 주의 깊게 다뤄야 하고 법 개정과 익명화, 동의 취득도 필요하다(4.8절 참고).

또한 중요한 건물의 층별 도면 데이터 등은 테러리스트에게 악용된다면 문제가 될 수 있어 해외에서는 비공개로 처리하기도 한다.

■ 데이터 조합의 문제

데이터 자체는 공개되어 있지만 다른 데이터와 합치는 걸 싫어하는 사람도 있다.

예를 들어 보자. 기초 자치 단체 중에는 시 홈페이지에 범죄나 사고가 발생한 장소를 공개하는 곳이 있다. 이 정보를 지도와 결합한다면 방범 지도로 활용이 가능하다. 그러나 자기 집 근처에서 범죄가 일어났다는 사실이 알려지는 것은 싫다는 주민도 있고, 땅값이 떨어져서 싫다는 의견도 있다.

하나 더 예를 들어 보자면, 일본 정부가 발행하는 기관지 《관보》에 실린 개인 파산 신청자의 정보(이름, 주소, 파산일)를 인터넷상의 지도에서 검색할 수 있는 사이트가 있었다. 이 사이트는 2019년에 문제가 발생해 현재는 폐쇄되었다.

데이터를 활용한 코로나 바이러스 대책

AI 거버넌스

AI를 개발해 사용자에게 제공하려면, 즉 AI를 사회에서 실행하려면
다양한 관계자의 손을 거쳐야 한다. 관계자가 늘어날수록 개발 단계서부터
사람과 기계의 협동 방법이나 사건 사고가 일어났을 때 누가 어떻게 책임을 질지를 검토해야 한다.

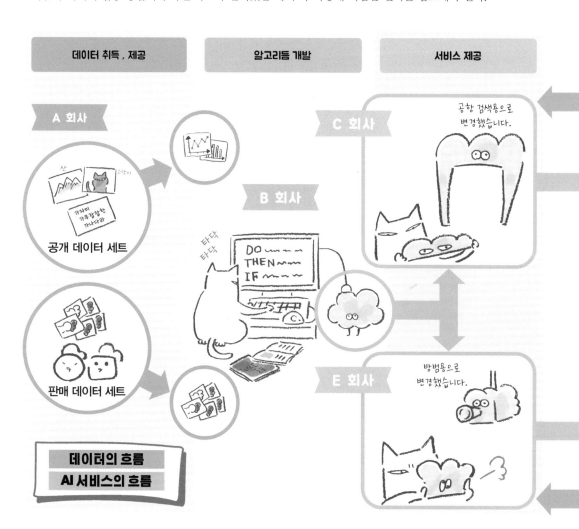

데이터 취득 , 제공   알고리듬 개발   서비스 제공

A 회사

공개 데이터 세트

판매 데이터 세트

B 회사

C 회사

공항 검색용으로
변경했습니다.

E 회사

방범용으로
변경했습니다.

데이터의 흐름
AI 서비스의 흐름

AI 거버넌스란

거버넌스(governance)란 통치, 관리, 통치 방식이라는 뜻이다. 조직의 거버넌스는 그 조직이 사건, 사고를 일으키지 않도록 적절한 관리 체제를 마련하는 것을 가리킨다.

AI 거버넌스란, AI 서비스와 제품을 제공하는 연구자와 기업이 데이터의 취득·제공부터 서비스 제공과 운용에 이르는 일련의 흐름 속에서 사건 사고를 일으키지 않는 관리 체제를 마련하려 고민하는 것이다.

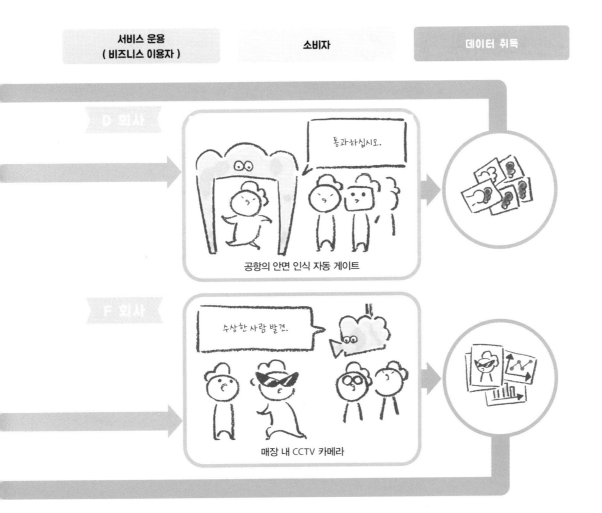

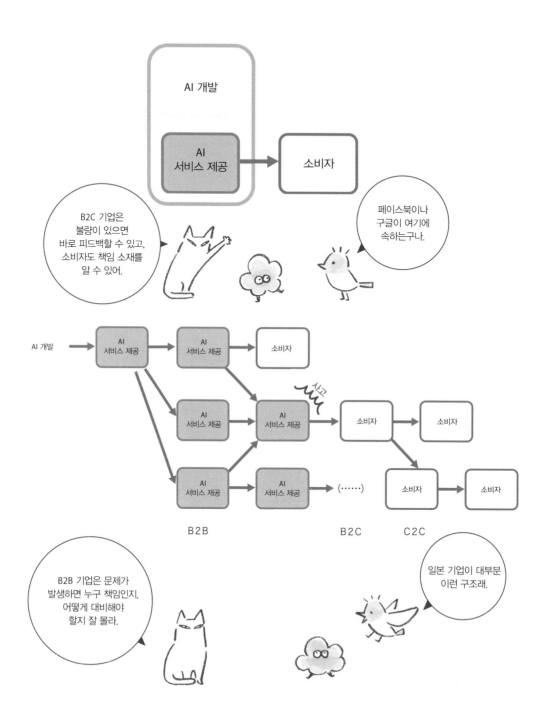

생산 구조의 차이

AI 서비스와 제품을 개발하려면 우선은 데이터를 모아 알고리듬을 설계해 학습시킨다(2.5절 참고). 그 과정에서 품질에 문제가 없는지를 모니터링하고(3.2절 참고) 데이터와 데이터 세트에 문제가 없는지를 자세히 조사한다. 문제가 없다면 실증 단계를 거쳐 AI 서비스를 제공하게 된다.

■ B2C 기업

현재 미국이나 중국의 거대 IT 기업(6.4절 참고) 대부분은 기업이 직접 일반 소비자와 거래하는 B2C(Business to Customer) 기업이다. 회사가 직접 데이터 수집, AI 설계와 개발, 서비스 제공과 운용까지 진행하고 있어 포괄적으로 리스크에 대응하고 책임 소재를 명확히 할 수 있다.

소비자와 직접 커뮤니케이션할 수 있으므로 문제도 쉽게 파악할 수 있다. 하지만 소비자에게 인식시키기 위한 광고비 등의 비용이 든다.

■ B2B 기업

한편, 자신들이 만든 AI 서비스와 시스템을 소비자가 아닌 다른 기업에 제공하는 것은 B2B(Business to Business) 기업이다. B2B 기업은 거래처가 어느 정도 고정되어 있으므로 하나의 서비스뿐 아니라 다양한 분야의 B2C 회사와 거래하고 있을 가능성이 있다. 따라서 알고리듬과 데이터에 문제가 있을 때 누가 책임을 지고 어디까지 문제를 거슬러 올라가 파악해야 할지 확인하기 힘들다. AI 개발부터 소비자에게 도달할 때까지의 긴 과정 중 어디서 문제가 발생했는지 조사하기 어렵기 때문이다.

서비스를 제공한 이후에도 AI가 계속 학습하는 특징을 유지한다면 문제는 더욱 복잡해진다. 학습시킨 AI 서비스가 개발한 회사의 손을 떠나 다른 B2B 기업에 제공되고, 나아가 제공받은 기업이 학습과 데이터를 갱신했을 때 이 데이터가 편향되거나 문제가 발생한다면, 과연 누가 책임져야 할까?

공급망이 긴 구조에서 소비자에게는 실제로 거래하는 기업만 보일 뿐, 그 뒤에 있는 B2B 기업은 보이지 않는다. 소비자 입장에서는 B2C 기업이 AI를 만드는 것처럼 느껴지기도 한다. 하지만 실제로 그 기업은 AI에 관한 자세한 정보를 가지고 있지 않기도 하고, B2C 기업이 국내 기업이라도 그 안에서 작동하는 AI는 외국에서 만든 것인 경우가 적지 않다.

■ C2C, C2B라는 새로운 형태

AI와 관련한 새로운 생산 구조도 등장했다. C2C (Customer to Customer)라는 형태이다. 중고 거래 앱 등에서처럼 소비자가 소비자에게 서비스와 제품을 판매하는 구조다.

나아가 소비자가 기업에 서비스와 데이터를 제공하는 C2B(Customer to Business) 형태도 나오기 시작했다.

코로나 바이러스와 데이터 거버넌스

G2B와 B2G 형식의 데이터 공유

2019년도 말부터 코로나 바이러스의 확산을 막기 위해 데이터가 공유되었다. 기존에도 정부 관련 데이터 중 통계 정보는 오픈 데이터로 공개되고 있었지만(3.8절 참고), 코로나 바이러스에 관해서는 정부가 공개한 확진자 상황 등 실시간 정보를 기업과 시민 단체 등이 활용하도록 했다.

정부가 보유한 데이터가 민간에 공유되는 G2B(Government to Business)뿐 아니라, 평소 민간 기업이 수집하는 사용자의 데이터를 행정에 활용하는 B2G(Business to Government)도 활발하다.

예를 들어 2021년 일본 정부가 운영한 '신종 코로나 바이러스 대책' 사이트는 도쿄를 비롯한 각 도시의 인구 이동 추이를 공개하고 있는데, 이러한 데이터는 민간 휴대 전화 사업자의 통계 데이터를 활용해 수집했다.

동의, 목적 외 이용이라는 과제

정부 조직 사이에, 정부와 민간 기업 간에, 또는 민간 기업 사이에 이루어지는 데이터 공유는 공공의 이익으로 이어지기도 한다. 그러나 데이터가 공유된다는 사실에 일반 소비자가 동의하지 않았거나 이를 몰랐다면 문제가 된다(6.5절 참고).

・대중 안전을 위한 앱이 감시 도구로

2021년에 싱가포르 정부는 코로나 바이러스 대책으로 도입한 확진자 접촉 여부 확인 앱을 중대 범죄 수사에 활용하겠다고 발표했다. 애초에 정부는 앱으로 수집한 정보를 확진자 추적에만 사용한다고 설명해 왔다. 싱가포르에서는 2021년 1월 시점 기준 시민의 약 80%가 확진자와의 접촉 여부를 확인하는 앱과 단말을 사용하고 있으므로, 정부가 앱을 통해 국민의 개인 정보를 파악할 수 있게 되었다. 사생활의 측면에서 봤을 때, 공중 안전을 위한 앱이 감시 도구로 전락해 버린다는 점은 우려할 만한 사안이다.

운용 문제

일본의 코로나 바이러스 확진자 접촉 확인 앱은 사생활 침해 정도가 적은 접촉 확인 정보만 들어 있지만(7.3절 참고), 그 시스템의 개발과 관리 체제에 문제가 있었다.

2020년 6월에 출시된 이 앱은 런칭 직후 양성 판정자가 제대로 등록되지 않았다. 또한 2021년 1월에 정부가 발표한 바에 따르면, 9월 말부터 4개월 동안 안드로이드와 일부 아이폰 기종에서 양성자와 접촉해도 앱에 '접촉하지 않음'으로 표시되었다고 한다.

거버넌스 문제

앱에서 발생한 문제를 놓치게 된 요인 중의 하나로 일본의 긴 공급망이 거론되었다(6.6절 참고). 확진자 접촉 확인 앱은 정부가 여러 기업에 하청을 주는 구조로 개발되었다.

이 앱은 구글과 애플이 만든 OS에서 구동하므로, 개발로 끝이 아니라 항상 시스템을 감시(모니터링)해야 한다(3.2절 참고). 구글이나 애플이 보안 등을 이유로 시스템을 업데이트하면 앱 또한 이에 맞춰 업데이트해야 한다.

관련된 개발자가 늘어나면 운영 비용도 늘어난다. 또한 문제가 어디서 일어났는지 파악하기 힘들어진다.

당시의 확진자 접촉 확인 앱 문제와 관련해서, 담당 부처에 기술적인 내용을 아는 인재가 부족하다는 지적도 나왔다. 이 사례에서 알 수 있듯 앱과 AI 개발의 관리 체계(거버넌스)는 그만큼 중요하다.

하청 시스템의 문제

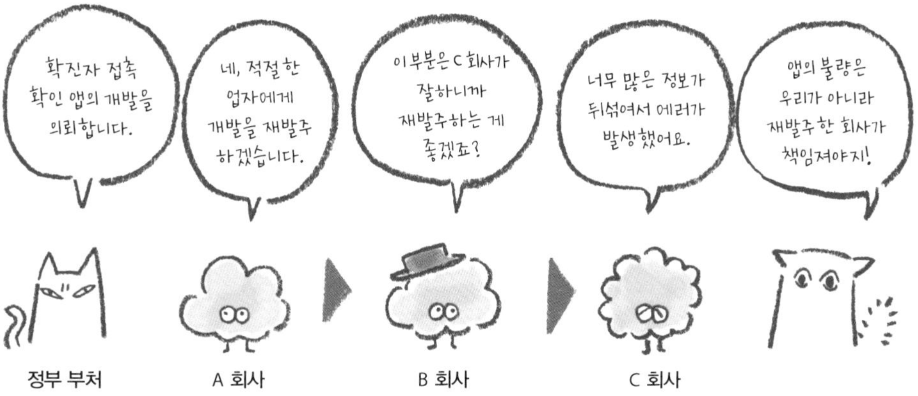

확진자 접촉 확인 앱의 개발을 의뢰합니다.

네, 적절한 업자에게 개발을 재발주 하겠습니다.

이 부분은 C 회사가 잘하니까 재발주하는 게 좋겠죠?

너무 많은 정보가 뒤섞여서 에러가 발생했어요.

앱의 불량은 우리가 아니라 재발주한 회사가 책임져야지!

정부 부처　　A 회사　　B 회사　　C 회사

AI 거버넌스 생태계 구축

AI 거버넌스란 앞에서 설명한 바와 같이 AI에 관련한 조직 내의 거버넌스를 의미한다. 그러나 지금까지 살펴보았듯 AI의 학습하는 특징과 복잡한 산업 구조를 생각한다면, 하나의 회사와 조직만으로는 AI 과제에 대응할 수 없다.

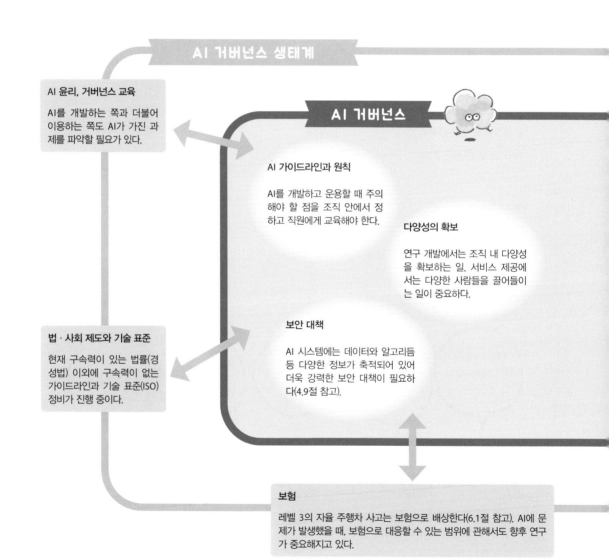

AI 거버넌스 생태계

AI 윤리, 거버넌스 교육

AI를 개발하는 쪽과 더불어 이용하는 쪽도 AI가 가진 과제를 파악할 필요가 있다.

AI 거버넌스

AI 가이드라인과 원칙

AI를 개발하고 운용할 때 주의해야 할 점을 조직 안에서 정하고 직원에게 교육해야 한다.

다양성의 확보

연구 개발에서는 조직 내 다양성을 확보하는 일, 서비스 제공에서는 다양한 사람들을 끌어들이는 일이 중요하다.

법·사회 제도와 기술 표준

현재 구속력이 있는 법률(경성법) 이외에 구속력이 없는 가이드라인과 기술 표준(ISO) 정비가 진행 중이다.

보안 대책

AI 시스템에는 데이터와 알고리듬 등 다양한 정보가 축적되어 있어 더욱 강력한 보안 대책이 필요하다(4.9절 참고).

보험

레벨 3의 자율 주행차 사고는 보험으로 배상한다(6.1절 참고). AI에 문제가 발생했을 때, 보험으로 대응할 수 있는 범위에 관해서도 향후 연구가 중요해지고 있다.

이에, 다른 여러 기관과 조직과도 연계해 AI가 일으키는 문제에 대응하는 방어망을 이중, 삼중으로 펼쳐 둘 필요가 있다.

이처럼 AI에 관한 거버넌스를 다양한 개념·조직과 연결해 생각하는 것을 AI 거버넌스 생태계라고 한다.

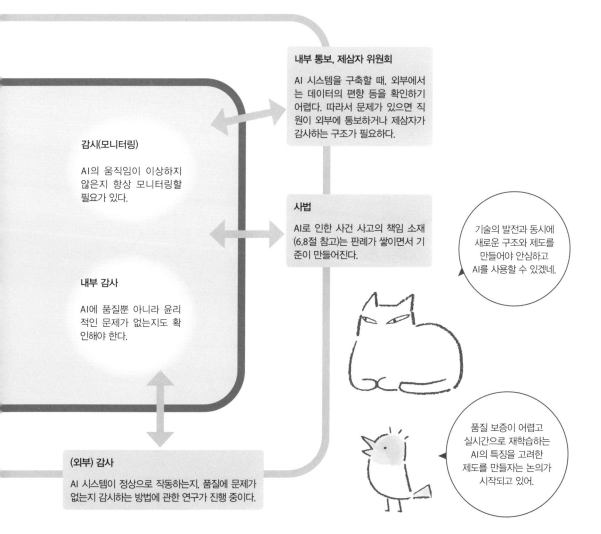

내부 통보, 제삼자 위원회

AI 시스템을 구축할 때, 외부에서는 데이터의 편향 등을 확인하기 어렵다. 따라서 문제가 있으면 직원이 외부에 통보하거나 제삼자가 감사하는 구조가 필요하다.

감시(모니터링)

AI의 움직임이 이상하지 않은지 항상 모니터링할 필요가 있다.

사법

AI로 인한 사건 사고의 책임 소재 (6.8절 참고)는 판례가 쌓이면서 기준이 만들어진다.

기술의 발전과 동시에 새로운 구조와 제도를 만들어야 안심하고 AI를 사용할 수 있겠네.

내부 감사

AI에 품질뿐 아니라 윤리적인 문제가 없는지도 확인해야 한다.

(외부) 감사

AI 시스템이 정상으로 작동하는지, 품질에 문제가 없는지 감시하는 방법에 관한 연구가 진행 중이다.

품질 보증이 어렵고 실시간으로 재학습하는 AI의 특징을 고려한 제도를 만들자는 논의가 시작되고 있어.

인간의 관여와 리스크 대응

인간과 기계의 관계성은 다양하게 디자인할 수 있다(1.3절 참고).
자율 주행차처럼 사건 사고가 일어날 리스크가 큰 경우라면
어떠한 설계 사상을 가지고 인간과 기계의 관계성을 규정하는지가 중요하다(7.3절 참고).
기계가 자율적으로 인식하고 예측해도 좋은 상황은 어떤 상황일까?

심각도와 빈도

리스크의 심각도와 빈도에 따라 사람의 개입 정도를 결정하자는 의견이 있다. 예를 들어, 의료와 교통 시스템처럼 만일의 사태가 발생했을 때 영향이 큰 것은 사람이 최종적으로 개입해야 한다는 개념이다. 이를 인간 관여의 원칙이라고 한다.

빈도와 심각도가 모두 낮다면 어느 정도는 사람의 관여 없이 기계에 작업을 맡길 수 있다.

비상 정지 버튼 연구와 교육

리스크를 생각한다면 빈도가 높지만 심각도가 낮은 것, 또는 심각도는 높지만 빈도가 낮은 것이 문제가 된다. 이러한 문제에 관해서는 유사시에 사람이 기계의 활동을 적절하게 정지시키는 방법이 논의되고 있다.

여기에는 비단 기계뿐 아니라 사람이 '유사시'를 판단할 수 있도록 하는 교육 또한 포함되어 있다.

■ 신속한 판단

기계는 사람이 쫓아가지 못할 정도로 빠르게 판단을 내린다. 일례로 오늘날의 환전 거래는 이미 기계가 하고 있다(6.1절 참고). 한편 어떤 사람이 깜빡하고 1주당 1000원인 주식을 1주당 10원으로 입력하는 실수를 저질러 불과 수 초 사이에 주식이 모두 판매되는 일도 있었다.

2009년에는 에어프랑스 항공 447편의 속도계가 고장 나자 4분 만에 비행기가 바다로 추락하는 사고가 발생했다. 기기의 예상하지 못한 고장에 전문가인 파일럿이 신속한 판단을 내리지 못한 것이 원인이었다.

■ 지식

사람은 기계 뒤에서 작동하고 있는 알고리듬을 몰라도 기계를 조작할 수 있다. 그렇기에 문제가 발생했을 때 지식과 경험을 바탕으로 현명하게 대응할 수 있는 사람이 언제나 현장에 있는 것은 아니다. 전문 지식이 없이도 누구나 기계를 다룰 수 있게 되었지만, 당장 시스템이 작동하지 않는 경우는 고도의 전문 지식을 가진 전문가가 필요하다는 딜레마다.

또한, 사람이 저지른 실수를 기계가 자동으로 수정하게 되면 사람은 실수를 눈치채지 못하게 된다. 기계가 자동으로 수정하거나 오타를 알려 주는 맞춤법처럼 말이다.

따라서 기계에 문제가 발생했을 때, '비상 정지' 버튼을 사람이 누를 수 있는 구조라고 해도 자동으로 움직이는 기계를 순간의 판단으로 정지시킬 수 있느냐는 과제로 남는다.

하지만 사람이 모든 작업에 관여한다면 AI를 도입한 이유가 없어진다. 그러므로 때와 장소에 따라 문제가 일어났을 때의 책임과 보상 구조를 정비해(6.8절 참고) AI(기계)를 사용해야 할 것이다.

책임과 신뢰성

AI의 거버넌스라는 관점에서 본다면, B2B 위주로 이루어진 산업 구조에서는
한 기업만으로 문제에 대응할 수 없다. 어디서 문제가 일어났는지를 알기 위한
설명 가능 AI(3.3절 참고)를 개발하거나 리스크에 따라 사람의 관여도를 달리하는
구조를 만드는 것도 좋지만(6.7절 참고), 이용자로서는 '왜 문제가 일어났는가'가 아니라
'문제가 일어났을 때 누가 책임을 질 것인가'가 중요하다.

신뢰받는 AI란

AI로 인한 사건 사고가 일어나지 않는 것이 제일
이지만, AI 자율 주행차가 사고를 일으키거나 AI가
불량품을 골라내지 못하고 제품을 출하했을 때, 또
AI에게 제공한 데이터가 나도 모르는 사이에 유출된
경우 누군가 책임을 지고 보상해 주면 그 시스템은
신뢰할 만하다고 할 수 있다.

어떤 문제가 일어났을 때 누군가가 책임을 지는
것을 책무성(accountability)이라고 한다. 결과에 책
임을 진다, 대답할 책임이 있다는 의미다.

범인은 바로 이 수배지와 얼굴이
99% 일치하는 A다!

누구의 책임인가

자신에게는 잘못이 없는데 AI가 일으킨 사고의 책
임을 진다면 억울할 수 있다. 따라서 AI가 왜 잘못된
행동을 했는지 이해할 필요가 있다.

그러나 다른 정보 기술과는 달리, AI는 항상 최적
의 결과를 일관적으로 낸다고 보장할 수 없고(3.2절
참고) 노이즈 때문에 잘못된 인식을 하는 등 견고성
문제가 있는(3.5절 참고) 까다로운 성질의 기계다.

나아가 데이터 수집, 알고리즘 개발, 서비스 제공,
운용, 학습, 가공을 서로 다른 기업에서 담당한다면
(6.6절 참고) 누가 책임을 질지 명확하지 않다.

이를 악용해 기업이 아닌 이용자가 제삼자에게 피
해를 입히는(4.9절 참고) 사례도 있다. 또 사람은 AI
의 자율적인 생성이나 거래, 대화에 개입할 수 없을
것이라는 의견도 있다.

하지만 피해가 발생한 이상 누군가는 책임을 져야
한다. 그렇지 않으면 안심하고 AI 서비스를 사용할
수 없다.

신뢰성을 확보하기 위해서는

■ 투명성 확보

투명성의 확보란, AI에 어디서 누가 어떤 변경과 수정을 했는지, 무엇을 목적으로 AI를 만들었는지 등의 과정을 기록하고, 단계별로 책임자가 누구인지 명확하게 하는 일이다. 감사 기관이나 ISO의 인증을 받아 프로세스를 보증하기도 한다.

그러나 AI의 기술적인 특허, 기업의 노하우 등은 보통 공개하길 꺼리는 내용이므로 투명성은 그리 쉽게 확보할 수 있는 것이 아니다. 비밀 유지 계약을 체결하면 대응할 수 있지만, 세계적인 기업의 경우는 국가 간 무역 전쟁 때문에 국가적인 차원에서 기술이 유출될 가능성을 걱정하기도 한다.

나아가 애초에 AI는 최적의 결과를 일관적으로 낸다고 보장할 수 없는 특징을 가지고 있으므로 투명성을 확보하는 것만으로는 사건 사고를 막을 수 없다.

■ 배상 확보

문제가 100% 일어나지 않는다고 할 수 없으므로, '만일 사고가 일어난 경우는 배상할 테니 안심하고 사용해 주십시오'라고 안내하는 방법도 있다. 대표적인 예가 보험이다.

자율 주행차가 보행자를 치는 사고가 발생했다고 가정해 보자. AI와 운전자 중 누구의 잘못으로 사고가 일어났는지 확실하지 않다면, 배상 책임이 어디에 있는지 알 수 없으므로 보행자에 대한 배상이 이루어지지 않을 것이다. 그래서 자동차 보험은 사고가 일어났을 때 AI로 인한 운전을 염두에 두고 '배상 책임의 유무에 상관없이 보험 회사가 보험금을 지급한다'라고 명시하고 있다.

그러나 보험 회사도 사고율이 높은 AI 시스템이나 서비스에 보상금을 매번 지급할 수는 없다. 따라서 AI를 제공하는 기업이 이를 적절하게 만들었는지 심사할 필요가 있다. 투명성과 배상의 확보는 떼려야 뗄 수 없는 관계인 것이다.

6.9

이중 용도와 군사 이용

AI를 활용하는 사례로 자율 주행과 의료, 불량품 판별 등 다양한 경우를 살펴봤다.
우리 생활에 밀접하지는 않지만 세계적으로 논의되고 있는
군사 이용에 관해서도 생각해 보자.

살인 로봇?

군사용 AI라는 말을 듣는다면 SF 영화에 나오는 것처럼 마음을 지닌 로봇이 사람을 살육하는 이미지가 떠오를지도 모른다. 범인을 프로파일링해 '장래 범죄를 일으킬 법한 사람'을 사전에 구속하는 모습을 상상할 수도 있다. 그러나 실제 군사용 AI에는 조금 더 확실한 성능이 요구된다.

AI를 사용하면 지금까지 사람이 해 왔던 표적 식별, 감지의 정확성과 속도가 높아진다. 그 밖에도 빅 데이터와 감시 카메라 영상 등을 활용해 사람의 이동을 쉽게 예측할 수 있다. 지금까지는 군인이 전쟁터로 향했지만, 군인 대신 드론을 보내 멀리 떨어진 지상의 상황을 파악하거나 공격할 수 있게 되었다. 나아가 전쟁터뿐 아니라 첩보 활동에도 AI 기술이 활용되고 있다.

민간용과 군사용의 경계

군사 또한 하나의 산업이므로, 기본적으로는 이 장에서 소개했듯 기계에 무엇을 맡길지 사람이 결정한다(6.3절 참고). 또한, 군사 분야에 AI를 도입하는 것은 지금까지 군인이 맡아 온 일의 일부를 기계로 대체하는 등의 개량에 불과하다(6.4절 참고).

따라서 불량품 판별이나 안면 인식 등 공장과 길거리에서 사용되는 기술이 군사용으로 전용될 수 있다. 민간용과 군사용 모두 사용할 수 있는 기술을 가리켜 이중 용도(dual use) 기술이라고 한다.

오늘날은 기술을 습득하는 과정과 필요한 도구가 민주화(3.8절 참고)되고 있다. 이에 따라 정부군뿐 아니라 테러리스트도 AI를 이용할 수 있다는 문제가 있다.

기술 개발에는 돈이 필요하므로, 이중 용도 기술의 개발에 군과 민간의 자금을 모두 투입해 개발에 최적화된 환경을 마련하는 나라도 있다.

하이브리드 전쟁

기술의 발전과 함께 전쟁의 형태도 변화하고 있다. 무기 등을 이용해 공격하는 것뿐 아니라, 정보전이나 사이버 공격(4.9절 참고)이 일어나고, 가짜 뉴스(4.7절 참고)를 이용해 사람들을 혼란에 빠뜨리기도 한다. 군사적, 비군사적 조치가 섞인 전쟁과 더불어 사이버 공격, 여론 조작과 같은 심리전까지 섞여 있으므로, 이를 가리켜 하이브리드 전쟁이라고 한다. 이에 따라 전시와 평상시의 경계가 허물어지고 있다.

판단의 신속화와 사람 관여

AI 등의 정보 기술을 이용한 전쟁에서는 어느 정도 인식과 예측의 자동화가 가능해진다. 이에 따라 공격 판단이 빨라지거나, 경우에 따라서는 자동으로 무언가를 판단하거나 움직이도록 설정할 수 있다.

판단의 자동화는 공격보다 오히려 방어할 때 도움이 된다. 공격을 받은 순간 이를 감지해 반격해야 하는데, 사람의 판단을 기다리다가 제때 대응하지 못할 수 있기 때문이다(6.1절 참고).

물론 AI의 인식이나 예측도 완벽하지 않다. 잘못된 인식으로 인한 방어 대응이 거꾸로 공격의 신호탄으로 간주될 가능성도 있다. 치명적 자율 무기(2.8절 참고)와 같이 사람이 판단에 관여하는 문제도 국제적으로 논의되고 있다.

7장

우리가 할 수 있는 일

AI 기술과 사회 과제를 생각할 때 무의식적 편견을 깨닫는 것이
중요하다고 강조해 왔다. 마지막으로, 다양한 사람들과 대화를 나누며
편견을 깨닫는 것이 얼마나 중요한지 생각해 보자.

어떤 미래로 나아갈까

AI가 불러올 여러 가지 과제의 대부분은 우리 사회에 이미 있는 문제다.
사회가 변하지 않는다면 AI 문제도 해결되지 않을 것이다.
따라서 '어떤 사람이 되고 싶은지, 어떤 사회에 살고 싶은지' 끊임없이 되물어야 한다.

트랜스 과학의 시대

현대 사회는 지식 공유와 가치 합의가 어려워, 트레이드 오프가 발생하는 난제가 넘쳐난다(1.2절 참고).

AI를 둘러싼 논의 외에 생명 과학 기술이나 환경 문제, 코로나 바이러스와 같은 팬데믹 등 '과학으로 묻는 건 가능해도, 과학으로 대답할 수 없는' 문제군이 많다. 이러한 문제군을 가리켜 트랜스 과학(trans-science) 문제라고 한다.

트랜스 과학의 시대에서는 과학 기술만으로 사회의 다양한 문제를 해결할 수 없다. 문제를 해결해야 할 과학 기술이 또 다른 사회 문제를 낳는 등, 사회와 과학 기술의 관계가 복잡하게 얽혀 있다. 기술적 · 법적으로는 문제가 없어도 '왠지 불쾌하다'라고 느끼는 감정적 · 윤리적인 문제도 있다.

이를 AI의 기술적인 문제로 규정해 억지로 해결하려고 하면 윤리 세탁(4.4절 참고)과 같은 또 다른 문제를 낳을 수 있다.

다양한 각도에서 다양한 사람들과 협력해 과학 기술과 사회의 문제를 논의하고 미래 사회를 그려 보는 일이 중요하다.

■ 콜링리지 딜레마

과학 기술은 매우 빨리 발전하기 때문에 처음부터 모든 사람의 의견을 수렴해 완벽하게 만드는 일은 불가능에 가까운 상태다.

과학 기술이 사회에서 사용되기 전까지는 그 영향력을 예측하기 어렵지만, 일단 보급된 기술을 제어하는 것 역시 쉽지 않다. 처음 소개한 사람의 이름을 따, 이를 콜링리지 딜레마(Collingridge dilemma)라고 부른다.

■ 애자일 거버넌스

그 때문에 AI의 기술 개발이나 활용에는 애자일(agile) 방법론이 요구된다. 애자일이란 잠정적이어도 좋으니 적절한 시기에 유연하게 결론을 내고, 이를 오픈해 여러 사람으로부터 피드백을 받아 수정하는 거버넌스를 뜻한다(6.6절 참고). 이는 기술뿐 아니라 사회 제도에도 해당된다.

이러한 애자일 방법론에 익숙한 업계가 있는가 하면, 신속히 움직이기 어려운 업계나 분야도 있을 것이다.

그러나 오늘날에는 사람들의 가치와 생각, 행동 패턴이 다양하고 복잡하다. 따라서 여러 사람들과 관계를 맺으며 항상 재귀적으로 입장을 되돌아보아야 한다.

사회 실험에서 실험 사회로

AI를 상용화하기 전, 우리는 실험이라는 전제하에 기술을 사용해 보는 '사회 실험' 과정을 거친다. 그러나 이제 우리 사회는 계속 변화하는 AI 기술과 실제로 함께 살아가는 '실험 사회'라고 발상을 전환해야 한다.

'실험 사회'에서는 전문가뿐만 아니라 우리 모두가 새로운 기술, 사회적인 가치와 마주해야 한다.

여러 관계자가 의사 결정에 관여하고 사회와 기술이 나아가야 할 방향성에 대해 각자의 역할에 맞는 책임을 가지는 자세야말로 책임 있는 과학 기술 혁신의 원동력이 될 것이다.

■ 알아채지 못한 일을 알아차리는 일

이 책에서 다룬 AI 기술의 과제 대부분은 무의식적 편견이나 국가 · 직종 · 커뮤니티의 암묵지 때문에 일어나는 경우가 많다. AI는 그 암묵지와 편견을 증폭시키는 역할을 한다.

그러나 한편으로 AI는 우리 사회와 생활을 비추는 거울이기도 하다. AI 때문에 문제를 의식하고, 이것이 가시화되면서 놓쳤던 관점이나 무지를 깨닫게 된다.

AI 기술은 사용하기 나름이다. 다양한 분야에서 사용된다면 우리가 바라는 사회의 모습을 다시 생각해 볼 계기가 될 것이다.

포섭과 배제의 디자인

많은 사람이 AI 기술을 사용하고 그 환경을 누릴 수 있게 되었다.
이처럼 AI는 문화적으로 개방되어 있지만,
개발 환경 자체는 매우 폐쇄적이라는 지적이 있다(4.4절 참고).
AI가 인류 전체에 공헌하려면, 관계자들의 성별·인종에 다양성을 확보해야 하며,
어떠한 속성도 배제하지 않는 포섭성이 중요하다.

AI와 포섭

특정한 인물을 대상으로 한 목적으로 설계되었지만 실제로는 여러 사람에게 유익함을 주는 디자인이 있다.

일례로, AI 기술 중 음성 인식 기술은 장애가 있는 사람이나 어린아이, 혹은 고령자도 직관적이고 직접적으로 조작할 수 있다. 운동이나 요리를 하며 양손을 모두 사용하는 상황에서도 편리하다.

음성이나 이미지 인식, 문자를 통한 대화 등 다양한 입출력 방법을 선택할 수 있게 되면 서비스에 접속하기 쉬워진다. 이러한 기술을 접근성이 높다고 한다.

■ AI로 인한 배제와 정치성

AI는 과거의 데이터를 바탕으로 학습하므로, 목적이나 용도, 사용되는 데이터 등에 따라 배제되는 사람이 나온다. 과거의 학습 데이터에 편견이 있다면 특정 사람들에게 불리한 인식 및 예측 결과를 산출할 수 있기 때문이다(4.5절 참고).

AI를 필두로 한 인공물은 결코 중립적이지 않고, 권력과 결부되어 정치성을 지닌다는 사실을 기억할 필요가 있다.

■ 환경 정비의 과제

AI 기술 그 자체 때문은 아니지만, 미처 발견하지 못한 배제가 있을 수 있다. 예를 들어 동영상이나 이미지 등이 많은 사이트는 속도가 느리기 때문에 접속 환경이 열악한 사람들에게는 '보기 힘든' 사이트다.

5G 등이 도입된 도심이라면 알아차리기 어렵지만, 선진국이라고 하더라도 도시와 지방의 인터넷 접속 환경에 상당한 차이가 있다. 아직 2G를 사용하는 나라, 국민 전체의 인터넷 사용률이 낮은 나라도 있다.

또한 대다수의 서비스는 스마트폰과 같은 단말의 이용을 전제로 만들어지고 있다. 한국의 스마트폰 소지율은 전 세계 1위를 기록할 만큼 높지만, 그래도 스마트폰을 소지하지 못한 취약 계층은 반드시 존재한다. 이들은 안보나 보건 관련 필수적인 정보로부터도 소외될 수 있다.

나아가 AI의 기술 개발 환경이 아무리 민주화되었다고 해도(3.8절 참고) 컴퓨터와 인터넷 환경 등의 초기 투자에는 최소한의 비용이 든다. 개발 환경을 조성할 때 경제적 격차는 어떻게 고려해야 할지, 환경 부하는 어떻게 줄일지도 AI를 둘러싼 과제로 거론된다.

의사 결정 참가

주거 환경 및 문화가 다른 장소에서 일어나는 일은 파악하기 어렵다.

내가 모르는 커뮤니티의 사람에게 불이익을 주거나 차별하지 않으려면 설계 단계부터 다양한 사람들이 의사 결정에 참여하는 일이 중요하다.

그러나 개발이나 설계 단계에 다양한 사람들의 의견을 들었다고 해도, 참고 사례로만 사용될 뿐 의사 결정에 반영되지 않는 일도 많다. 다양한 사람들이 참여한 논의가 중요하다는 회의 그 자체에 다양성이 없는 경우도 자주 볼 수 있다.

전문성이 더 중요한 회의라면 다양성의 담보만을 목적으로 할 필요는 없다. 그러나 '무엇'을 논의하는가와 더불어 '누구와' '어떻게' 의사 결정을 할지 그 형식을 생각하는 일도 중요하다.

■ AI 도 의사 결정에 관여할까

미래에는 사회적 의사 결정을 할 때 AI도 함께하게 될까? 과도한 의인화와 기계에 대한 감정 이입은 자제할 필요가 있지만(5.6절 참고), 그럼에도 인간과 기계의 관계는 끊임없이 변화하고 있다.

설계 사상과 바이 디자인

AI를 활용하다 보면 가치의 트레이드 오프가 생긴다(1.2절 참고).
어떠한 가치가 중요한지는 기술 설계에 의식적 혹은 무의식적으로 담겨 있다.
개발자와 사용자 모두 사물과 서비스가 가치 중립적이지 않다는 사실을 의식하지 않으면
예기치 못한 사건 사고를 맞닥뜨릴 수 있다.

바이 디자인

제품이나 서비스의 기획, 개발 단계에서 사생활을 고려해 설계하는 것을 프라이버시 바이 디자인(privacy by design, PbD)이라고 한다. 개발 단계에서 보안을 고려한 것은 시큐리티 바이 디자인(security by design)이라고 한다.

바이 디자인이라는 개념이 중요한 건 AI를 사용한 시스템이 사생활이나 보안, 공정성과 같은 다양한 가치와 관련이 있기 때문이다. 가치의 다양성을 자각하지 않으면 예기치 않은 사고가 일어나거나 법적·윤리적인 문제가 생길 수 있다.

비슷한 시스템이라도
설계 사상이 다르면
변경하기 힘들어져.

데이터의 호환성처럼
시스템의 호환성도
생각해야 하는구나.

[사례: 항공기 자동 조종]

AI가 일정 수준의 자동 판단을 하는 시스템은 기술 문제나 긴급 사태가 발생했을 때 사람이 멈출 수 있게 설계되어 있다(6.7절 참고). 만약 이 인터페이스 디자인이 복잡하면 사고로 이어진다.

자동 조종의 권한 이양이 복잡하다면 사건 사고가 쉽게 일어난다. 보잉사와 에어버스사의 설계 사상 차이가 대표적으로 지적되는 사례다.

미국 보잉사는 사람을 우선한다. 즉 시스템에 이상이 발생했을 때 조종사가 직접 바퀴를 조종하기만 하면 시스템의 자동 제어가 무효화되고 권한을 덮어쓰기(overwrite)할 수 있다. 반면 프랑스의 에어버스사는 시스템이 우선인 체계라 자동 조종을 해제하려면 조종사가 몇 가지 절차를 밟아야 한다.

자동 조종을 해제하는 방법이 복잡하거나 시스템에 따라 사양이 다르면 사람이 재빨리 반응할 수 없다. 사건 사고는 이러한 이유로 발생하므로, 개발자는 어떠한 사상을 바탕으로 설계했는지 적절하게 설명할 책임이 있고(5.7절 참고) 이용자도 이를 사전에 확인할 필요가 있다.

[사례: 코로나 바이러스 대책 앱]

확진자, 접촉자의 동선을 파악하면 감염 확대를 막을 수 있다는 생각을 바탕으로, 코로나 바이러스 관련 앱이 여러 국가에 도입되었다.

각국이 앞다투어 앱 개발에 나서면서, 개인 정보와 사생활 처리가 과제로 떠올랐다(4.8절 참고). 사람들의 행동을 파악하는 일은 공중 위생상의 이점을 가지고 있지만, 한편으로 사람들의 사생활을 침해할 가능성이 있다는 트레이드 오프에 놓여 있다(1.2절 참고).

앱이 개발된 나라의 설계 사상 차이를 통해 각국이 중시하는 사회적인 가치를 확인할 수 있다(1.4절 참고).

나라가 정보를 집중 관리하면 개인을 특정할 수 있으니 규정 위반자를 처벌할 수 있다. 이와 같은 법적 구속력으로 감염을 방지할 수 있지만, 한편으로 감시 사회가 될 것이라는 우려도 있다. 아시아와 중동 국가들은 사생활보다 감염 확대 방지를 중시하는 설계 사상을 바탕으로 전 국민에게 앱 사용을 권고하고 있는 추세였다.

하지만 사생활을 보호하려면 나라 단위가 아니라 개인 단말 단위로 정보를 관리해야 한다. 이에 따라 미국과 유럽, 아프리카, 일본 등의 국가는 이 앱의 용도를 접촉 가능성이 있는 사람들에게 주의를 환기하는 것으로 규정했다. 이 경우 사생활은 보호되지만, 앱 설치는 개인의 선택에 따르며 규정을 어겨도 처벌을 받지 않아 보급률에 문제가 발생하게 된다.

▼ 국가별 접촉 추적·확인 앱의 정보 관리 비교

정보 관리	국가 서버				개인 단말
참가	전 국민 사용 권고			확진자, 접촉자, 해외 입국자	임의
정부의 개인 특정	가능				익명이므로 불가능
데이터	위치 정보, 개인 정보, 안면 인식, 구매 정보	위치 정보, 개인 정보	접촉 정보, 개인 정보	위치 정보, 개인 정보, 구매 정보	접촉 정보
도입 국가	중국	인도, 카타르, 이스라엘	싱가포르	한국, 대만	영국, 프랑스, 호주	독일, 브라질, 에스토니아, 덴마크, 남아프리카공화국, 미국, 일본 등

작음 ◀——— 사생활 중시 ———▶ 큼

확진자 확대 방지 ◀——— 목적 ———▶ 주의 환기

7.4

우리가 할 수 있는 일

이 책의 독자가 AI와 접하는 방식은 제각각일 것이다.
심지어 AI를 사용하지 않는다고 생각하는 사람도 있겠다.
그러나 AI를 비롯한 정보 기술은 이미 우리 생활에 깊이 관여하고 있다.
따라서 한 사람의 이용자, 시민으로서 AI의 과제를 해결하는 데 힘써야 한다.

AI 윤리 원칙 합의하기

AI가 초래하는 다양한 과제에 대응해, 세계 각국 산학관민이 모여 중시해야 할 가치를 논의하고 있다. 가치의 중요도와 표현 방법에 차이는 있지만, 대체적으로 합의가 이루어지기 시작했다.

아래의 목록은 미국 하버드 대학교 산하의 연구 기관이 세계 각국의 보고서를 비교해 공통된 키워드를 발췌한 것이다. 이 책에서도 관련된 내용을 다루고 있으니 참고해 보자.

- 국제 인권(☞5.6절)
- 인적 가치 증진(☞5.4절, 5.5절)
- 전문가 책임(☞6.8절)
- 기술 통제(☞6.7절)
- 공정성과 무차별(☞4.3절, 4.5절)
- 투명성과 설명 가능성(☞3.3절, 6.8절)
- 보안과 안전(☞4.9절)
- 책무성(☞6.8절)
- 개인 정보 보호(☞4.8절)

모두가 AI 거버넌스의 관계자

1장에서는 다양한 가치의 트레이드 오프가 있다는 점, 국가별로 AI 개발에 관한 개념과 네트워크 형성이 제각각이라는 점을 소개했다(1.3절, 1.4절 참고). 또한 AI 거버넌스(6.6절 참고)에서는 AI 개발자, 기업, 최종 소비자와 정부, 각각의 역할 분담과 데이터 공유의 중요성을 소개했다.

AI 개발 기술의 민주화를 통해 다양한 분야에 AI가 도입되고 있는 오늘날, 함께 살아가는 우리 모두가 AI 거버넌스의 당사자다. 전 세계 AI 거버넌스의 관계자와 연계하면서 우리가 사회 구성원으로서 할 수 있는 일을 생각해 보자.

■ 사회 구성원으로서 할 수 있는 일

AI과 그 주변 기술은 어느새 우리 생활 속 인프라 곳곳에 스며들었다. 그리고 사람 그 자체도 사이보그화되고 있다(5.8절 참고). 따라서 우선은 AI가 어떠한 특징을 가지고 있고, 어떠한 문제를 일으킬지 알아야 한다.

음식의 원재료를 신경 쓰듯, 어떠한 데이터와 알고리즘을 사용하는지, 어떤 목적을 위해 AI가 사용되고 있는지를 신경 쓰는 것부터 시작하자.

■ 사회의 요구가 구조를 만든다

기술적으로 어려운 이야기는 몰라도 그만이다. 다만 일말의 불안함을 느낀다면 주변 사람이나 제조사에 물어보는 것도 방법이다.

처음부터 완벽한 AI 시스템은 없다. 그리고 서비스 제공자 또한 소비자나 이용자와 같은 사회의 요청이 없다면 공정성과 투명성을 확보하거나 에너지와 환경 부하가 적은 기술을 개발하는 등, 돈을 들여 프로젝트를 실행해야 할 인센티브(동기)가 없다.

이용자의 소박한 의문, 개발자와 서비스 제공자와는 다른 시점을 공유하면 더 나은 기술과 제도, 나아가 사회가 구축될 수 있다.

지속 가능한 기술과 사회를 만들 때도 마찬가지다. AI 개발은 끊임없이 업데이트하는 영원한 베타 버전이라(6.6절 참고) 기민하게 개발이 진행되고 있다(7.1절 참고). 사생활이나 보안의 관점에서도 사회가 서비스 제공자에게 적절한 관리를 요구하는 것이 중요하다.

■ 사회 제도를 아군으로 삼는다

개발자와 서비스 제공자에게 의문을 던짐과 동시에, 사회 제도적인 구조를 아군으로 만드는 일도 중요하다. 현재 데이터를 만드는 것은 개인이지만, 때에 따라서 어떤 AI 시스템을 사용하려면 정보를 제공해야 하는 구조다.

따라서, 데이터 이동권(6.4절 참고)과 삭제권(4.8절, 5.3절 참고)처럼 데이터에 관한 새로운 권리도 요구되기 시작했다. 자신의 정보와 데이터는 스스로 지킨다는 보안 의식의 함양도 필요하다.

■ 개발 초기부터 다양한 사람과 논의한다

AI 개발자와 서비스 제공 기업, 나아가 제도 설계와 관련된 정책 관계자와 전문가도 모두 사회의 구성원이다.

AI 개발의 민주화로 인해 개인도 쉽게 앱을 개발할 수 있게 되었다.

AI 연구 개발에 참여할 때는 기술로 무엇이 가능한지부터 시작하는 것이 아니라 '사회에 실현하고자 하는 가치는 무엇인지', 'AI가 아니면 할 수 없는 일인지' 검토하고(백캐스팅), 리스크를 기반으로 문제를 밝혀내는 일이 중요하다(다음 페이지의 '리스크 체인 모델' 참고).

논의할 때는 다양성과 포섭성을 중시해 자유롭게 발언할 수 있는 분위기를 조성해야 한다(7.2절 참고). AI 개발 초기 단계에 문제가 나온다고 개발이 바로 중지되는 건 아니다. 오히려 제약이나 우려가 새로운 연구와 가치 창조로 이어질 수 있다.

리스크 체인 모델

AI 시스템과 서비스는 투명성 확보가 중요하다(6.8절 참고). 구체적으로 어떻게 투명성을 확보해야 할까? 이에 관한 다양한 AI 원칙과 가이드라인, 체크리스트 등이 각국에서 작성되고 있다. 그 원칙을 실천에 옮기는 방법으로써 도쿄 대학의 연구 그룹이 개발한 리스크 체인 모델(RC Model)을 소개하고자 한다.

① RC 모델의 목적과 범위를 알자

RC 모델이란, 생산자가 기획·개발·운영하는 AI 제품 및 서비스의 리스크를 식별하고, 그 리스크를 최소화할 수 있는지 관계자들이 논의한 뒤 제삼자에게 설명하는 툴이다.

기업 소속 개발자, 법무, 감사뿐 아니라, 위탁처나 이용자 등도 함께 검토해 누락된 리스크를 확인할 수 있다.

② RC 모델의 구조를 알자

RC 모델은 (1) AI 모델(정밀도와 견고성 등)과 AI 시스템(데이터의 질과 양, 기타 시스템과의 연계 등) 등의 기술, (2) 서비스 제공자(공정성과 사생활 보호 등), (3) 이용자와 소비자(책임, 문해력 등)의 삼중 구조로 이루어져 있다.

③ 서비스의 가치와 목적을 검토하자

특정 제품과 서비스의 리스크를 생각하기 위해 정보를 수집한다. 그리고 '생산성 향상', '노동 부하 경감'과 같이 AI 서비스가 실현하고자 하는 '가치와 목적'을 검토한다. AI에 관한 문제 대부분은 '가치'의 트레이드 오프에 관한 논의다(1.2절 참고). 우선해야 할 가치와 목적을 식별하는 것은 리스크를 판단하기 위해서도 중요한 일이다.

[수집 정보 예시]
- AI 서비스의 이용 목적
- 시스템 개념도
- 사용할 알고리즘과 데이터
- 개발자와 이용자의 역할 분담
- 개발 방법과 학습 빈도

④ 리스크 시나리오를 검토하자

실현해야 할 가치와 목적마다 그를 방해하는 리스크 시나리오를 검토한다. 예를 들어 정밀도와 견고성에 문제가 있다면 생산성 향상을 기대하기는 어렵다. 또한 AI가 적절하게 이용되지 않는다면 노동 부하는 오히려 늘어날 수 있다. 관계자가 기존 사례집과 현장의 경험 등을 바탕으로 이러한 시나리오를 검토하고, 시나리오마다 우선도를 정한다.

⑤ 시나리오마다 리스크 체인을 연결하자

시나리오마다 RC 모델의 어떤 층에서 리스크가 드러나는지, 순서를 생각하면서 체인(선)을 연결한다. 체인은 결코 단선이거나 그 방향이 일방적이지 않으며, 기점 또한 다루는 리스크와 문제에 따라 달라진다.

⑥ 시나리오마다 대책을 검토하자

비용 대비 효과의 관점에서 봤을 때, 체인으로 연결한 모든 요소에서 리스크를 줄이는 일은 바람직하지 않다. RC 모델의 개념은 연결되어 있는 체인의 흐름을 한 군데라도 끊을 수 있다면 리스크의 발생 가능성을 줄일 수 있다는 것이 핵심이다.

어떤 층에서 대책(컨트롤)을 강구하는 것이 좋을지 관계자들끼리 논의하고, 모델과 시스템 개발자, 서비스 제공자, 이용자 각각의 층에서 취해야 할 대책과 책임의 범위를 생각한다.

많은 AI 시스템은 여러 층과 선으로 연결되어 있다. 따라서 개발자, 서비스 제공자와 이용자 모두 AI의 리스크에 대응할 대책을 생각해야 한다.

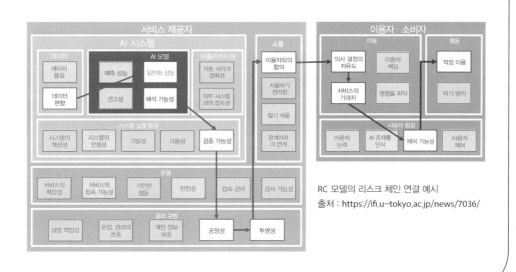

RC 모델의 리스크 체인 연결 예시
출처 : https://ifi.u-tokyo.ac.jp/news/7036/

맺음말

'도감을 만들어 보죠.'

기술평론사의 사토 씨가 필자에게 제안한 것은 2019년 가을, 코로나 바이러스로 전 세계의 모습이 확 바뀌기 전의 일이었다. 이 책 중간중간에도 코로나 바이러스와 관련된 항목이 들어 있다. 코로나 바이러스 유행을 전후로 생활과 일의 모습은 크게 바뀌었지만, 탈고가 끝난 지금도 AI와 사회를 둘러싼 문제의 본질은 그대로라고 본다.

출판사로부터 받은 제안서에는 'AI의 구조 해설과 함께 사회에 미칠 영향, 앞으로의 사회 전망까지 그림으로 설명하는 책을 만들고 싶다. 실용서지만, 책을 다 읽고 난 후 세상을 바라보는 시선이 조금은 바뀔 수 있는 책을 만들고 싶다'라고 쓰여 있었다. 이 책을 읽은 독자 분들도 부디 이와 같은 생각이기를 바란다.

도표를 중심으로 책을 만드는 시도가 처음이었던 탓에 상당히 헤매기도 했다. 과학 커뮤니케이션 분야는 이해도와 정확함의 균형을 맞추는 일이 늘상의 과제다. '그림과 사진'에 무엇을 넣고 무엇을 뺄지, 어떻게 표현해야 빨리 이해할지 끊임없이 고민했다. 그럼에도 '글자가 빼곡한' 페이지가 끼어 있는 점은 반성해야 할 부분이지만, 어쨌든 필자가 중요하다고 생각하는 내용은 압축해 표현했다. 폭넓은 논점을 다루고 있다 보니 이상한 점이나 이해가 잘 가지 않는 부분이 있을 수도 있다. 모두 필자의 잘못이니 너그러이 이해해 주기를 부탁드리는 바이다.

이 책에서는 사람, 사회, 혹은 '우리'라는 말을 사용했다. 그러나 필자가 속한 사회와 커뮤니티, 필자가 바라본 사회의 모습은 다른 나라와 문화, 직업, 가치관의 사람들이 보는 것과 다를 수 있다. 이러한 것을 하나로 묶어 단순히 '사회'라고 부르는 것은 필자의 시선을 억지로 공유하려는 무리한 시도일지도 모른다.

필자가 좋아하는 말 중에 '지옥으로 가는 길은 선의로 포장되어 있다'라는 말이 있다. 모두가 각자 처한 위치에서 바람직한 사회와 행복을 바라지만, 이러한 목표와 그에 도달하는 과정이 다른 사람이나 자기 자신에게조차 바람직한 것이 아닐 수도 있다는 사실을 적확하게 표현한 말이라고 생각한다.

가급적 모두가 바람직한 목표를 가지고 그에 도달할 수 있도록, 이 책에서는 자기 자신이 처한 상황을 한발 물러서서 바라보기, 다른 입장의 사람의 의견에 귀를 기울여 대화하기, 생각을 바꿀 수 있는 용기를 가지기 등과 같은 접근법을 제시하고 있다.

책의 내용 중 동의하기 어려운 부분을 발견한다면, 그 내용을 토대로 새로운 대화를 시작해 보기를 바란다. 우리(라는 말을 또 사용했지만) 개개인이 보는 범위, 할 수 있는 일에 한계는 있지만, 대화와 협동으로 생겨나는 힘도 있기 때문이다.

이 책은 많은 분의 성원에 힘입어 출간할 수 있었다. 지면에 한계가 있어 모든 분의 성함을 나열할 수는 없지만, 시로야마 히데아키 교수님, 구니요시 야스오 박사님, 사쿠라 오사무 교수님, 시시도 조지 교수님, 와타나베 도시야 교수님, 나카가와 히로시 교수님, 마쓰모토 다카시 연구원님, 구도 후미코 연구원님, 나가쿠라 가쓰에 기자님, 후지타 다카노리 교수님, 인공 지능 학회 윤리 위원회 회원 분들과 인공 지능 학회의 AI 창작물 이벤트에 협력해 주신 AI 미소라 히바리, 데즈카2020 프로젝트 관계자 분들, 일본 딥 러닝 협회 관계자 분들과의 대화는 큰 자극이 되어 주었다.

이 책은 다음 연구들을 참고했다. 「다양한 가치 파악을 지원하는 시스템과 그 연구 체제 구축」(에마 아리사 외, JST-RISTEX JPMJRX16H2), 도요타 재단 연구 조성 프로그램 「인공 지능의 윤리, 거버넌스 플랫폼 형성」(에마 아리사 외), 세콤 과학 기술 진흥 재단 「ELSI 개념의 재구축」(미카미 고이치 외), JSPS 과학 연구비 기반 연구 (A) 「새로운 정보 기술·바이오 테크놀로지의 국제적 거버넌스: 정보 공유·민간 주체의 역할」(시로야마 히데아키 외, 18H03620).

이 책은 기술평론사 사토 다미코 씨의 도움이 없었다면 완성되지 못했을 것이다. 필자의 서툰 낙서는 일러스트레이터인 사카가와 씨의 펜 끝에서 귀여운 캐릭터로 다시 태어났다. 원고 마감이 늦어지면서 디자이너를 비롯해 많은 분께 말로는 다할 수 없을 정도로 큰 신세를 졌다. 필자도 풀 컬러로 완성된 책을 받아 볼 날이 무척 기대된다.

마지막으로, 언제나 필자를 믿어 주는 가족에게 감사하다는 말을 전한다.

에마 아리사

참고 웹 사이트

최신 정보는 웹 사이트를 통해 확인할 수 있다. 대규모 온라인 공개 강좌 무크(MOOC)는 전 세계의 강의를 무료로 공개하고 있다. '무크 기계 학습' 등으로 검색하면 세계적인 연구자의 동영상도 볼 수 있다. 영어이기는 하지만, AI 윤리에 관해서는 핀란드의 헬싱키 대학교가 무크 홈페이지에 공개한 'AI의 윤리'라는 동영상이 도움이 될 것이다(https://ethics-of-ai.mooc.fi/).

AI 거버넌스에 관한 웹사이트

6.1절의 의료 AI 타입 분류, 7.4절의 리스크 체인 모델의 개요는 도쿄 대학 미래 비전 연구 센터의 홈페이지에 공개되어 있다. 또한 일본 딥 러닝 협회 홈페이지는 6.6절의 감사나 보험, 표준화 등 AI의 외부 환경에 관한 연구회의 보고서를 공개하고 있다(https://www.jdla.org/about/studygroup/).

3장에서 참고한 연구

3.8절에서 소개했듯, AI 관련 연구 논문은 대부분 공개되어 있어 누구나 쉽게 찾아볼 수 있는데, 특히 아카이브(arXiv)가 유명하다(https://arxiv.org/). 3장에서 소개한 몇 가지 논문도 모두 이 아카이브 홈페이지에서 열람이 가능하다.

*1 Robert Geirhos, et al., ImageNet-trained CNNs are biased towards texture; increasing shape bias improves accuracy and robustness, https://arxiv.org/abs/1811.12231

*2 Ian J. Goodfellow, et al., Explaining and Harnessing Adversarial Examples, https://arxiv.org/abs/1412.6572

*3 Tianyu Gu, et al., BadNets: Identifying Vulnerabilities in the Machine Learning Model Supply Chain, https://arxiv.org/abs/1708.06733

*4 Simen Thys, et al., Fooling automated surveillance cameras: adversarial patches to attack person detection, https://arxiv.org/abs/1904.08653

*5 Zuxuan Wu, et al., Making an Invisibility Cloak: Real World Adversarial Attacks on Object Detectors, https://arxiv.org/abs/1910.14667

*6 Han Zhang, et al., StackGAN: Text to Photo-realistic Image Synthesis with Stacked Generative Adversarial Networks, https://arxiv.org/abs/1612.03242

*7 Jun-Yan Zhu, et al., Unpaired Image-to-Image Translation using Cycle-Consistent Adversarial Networks, https://arxiv.org/abs/1703.10593

찾아보기

▌ 저자 소개

에마 아리사

도쿄 대학 미래 비전 연구 센터 준교수. 2017년부터 국립 연구 개발 법인 이화학 연구소 혁신 지능 통합 연구 센터의 객원 연구원을 맡고 있고, 2012년부터 국립 연구 개발 법인 산업 기술 통합 연구소 정보·사람 공학 영역 연구 지원 고문을 역임하고 있다. 인공 지능 학회 윤리 위원회 위원이자 일본 딥 러닝 협회 이사다. 2012년 도쿄 대학 대학원 종합 문화 연구과 박사 과정을 수료했다(학술 박사). 전공은 과학 기술 사회론(STS)이다. 주요 저서로 『AI 사회의 행보AI社会の步き方』(2019)가 있다.

▌ 본문 디자인
가토 아이코(OFFICE KINTON)

▌ 일러스트
사카가와 나루미

▌ 도표
안도 시게미

그림으로 쉽게 배우는
AI 사용설명서

초판인쇄 2024년 02월 29일
초판발행 2024년 02월 29일

지은이 에마 아리사
옮긴이 일본콘텐츠전문번역팀
발행인 채종준

출판총괄 박능원
국제업무 채보라
책임번역 문서영
책임편집 권새롬 · 김해슬
디자인 서혜선
마케팅 전예리 · 조희진 · 안영은
전자책 정담자리

브랜드 드루
주소 경기도 파주시 회동길 230(문발동)
투고문의 ksibook13@kstudy.com

발행처 한국학술정보(주)
출판신고 2003년 9월 25일 제406-2003-000012호
인쇄 북토리

ISBN 979-11-6983-860-3 03500

드루는 한국학술정보(주)의 지식 · 교양도서 출판 브랜드입니다.
세상의 모든 지식을 두루두루 모아 독자에게 내보인다는 뜻을 담았습니다.
지적인 호기심을 해결하고 생각에 깊이를 더할 수 있도록, 보다 가치 있는 책을 만들고자 합니다.